电气系统控制技术

主　编　胡桂丽　周志文　张凤姝
副主编　杨　军　汪江涛　沈　阳
参　编　刘永双　李晓琨　李四明

北京理工大学出版社
BEIJING INSTITUTE OF TECHNOLOGY PRESS

内 容 提 要

本书是为适应教学改革需要而编写的技能教材，遵循由简入繁、从易到难、循序渐进的原则。全书除了介绍低压电器及电气控制电路之外，还覆盖了安全用电、常用仪表和工具、照明电路、变压器、电动机等方面的知识，同时包含了相关内容的安装、连接、检测、调试、故障排除等实训，是一本理实结合的实用教材。本书可作为各职业院校电类专业的学习教材，也可选作技能考核及岗位培训教材等。

本书配有丰富的视频、PPT、电子教案等电子资源可免费使用。

版权专有　侵权必究

图书在版编目（CIP）数据

电气系统控制技术 / 胡桂丽，周志文，张凤姝主编.—北京：北京理工大学出版社，2020.12

ISBN 978-7-5682-9428-7

Ⅰ.①电… Ⅱ.①胡… ②周… ③张… Ⅲ.①电气控制系统－高等学校－教材 Ⅳ.①TM921.5

中国版本图书馆CIP数据核字（2021）第001718号

出版发行 / 北京理工大学出版社有限责任公司
社　　址 / 北京市海淀区中关村南大街5号
邮　　编 / 100081
电　　话 /（010）68914775（总编室）
　　　　　（010）82562903（教材售后服务热线）
　　　　　（010）68948351（其他图书服务热线）
网　　址 / http：//www.bitpress.com.cn
经　　销 / 全国各地新华书店
印　　刷 / 定州市新华印刷有限公司
开　　本 / 787毫米×1092毫米　1/16
印　　张 / 13.5　　　　　　　　　　　　　　　责任编辑 / 张鑫星
字　　数 / 317千字　　　　　　　　　　　　　　文案编辑 / 张鑫星
版　　次 / 2020年12月第1版　2020年12月第1次印刷　责任校对 / 周瑞红
定　　价 / 39.00元　　　　　　　　　　　　　　责任印制 / 边心超

图书出现印装质量问题，请拨打售后服务热线，本社负责调换

前　言

　　本书除了介绍低压电器及电气控制电路之外，还覆盖了安全用电、常用仪表和工具、照明电路、变压器、电动机等方面的知识，内容丰富。全书共分为七个项目，其中项目一为安全用电及文明操作，介绍了安全用电及操作规程、接地与接零、安全标志等，目的在于培养用电安全意识、质量标准意识、环保节约意识、良好的职业道德和工作作风。项目二为常用仪表及工具，介绍了导线规格和代号、常用电工工具、电工仪器仪表的使用及维护，包含了万用表、兆欧表、钳形表、功率表、电度表等以及常用电工工具使用方法。项目三为照明电路，介绍了常用照明电路的设计、安装、检测与调试。项目四为变压器，目的在于理解变压器的原理，掌握其检测及连接方法等。项目五为电动机，目的在于理解电动机的原理，掌握其检测及连接方法等。项目六为常用低压电器，介绍了常用低压电器的结构、原理、作用、图形符号、文字符号、选用、铭牌等。项目七为电气控制电路，介绍了三相异步电动机点动、连续、顺序、正反转、行程、多地等控制电路，三相交流异步电动机的多种启动、制动、调速的方法及工作原理等。

　　本书配套有丰富的视频、PPT、电子教案等电子资源可以免费使用，书中的电气符号和电路原理图均执行国家最新标准的规定。本书在编写过程中，将理论与实践相结合，包含了安装、连接、检测、调试、故障排除等实训。教师可根据教学环境做出适当调整，培养学生的实践操作能力、电气设备的维护和检修能力，帮助学生建立安全意识、质量意识和职业意识。

前 言

  本书由胡桂丽、周志文、张凤姝主编,杨军、汪江涛、沈阳为副主编,刘永双、李晓琨、李四明参编。参加编写的人员均有多次出版教材的经验,具备丰富的教学和实践经验,为各院校的教学骨干,多名参编人员为市级学科带头人、市级骨干教师、全国技能大赛指导教师、湖北省教学能手、湖北省技能名师等,其中还有全国优秀教师在列。本书的编写得到了各院校的重视、支持及企业专家的指导和帮助,在此一并表示诚挚的谢意。

  由于时间仓促,加之编者水平有限,书中难免有错误和不妥之处,恳请大家批评指正,联系邮箱:guili.hu@163.com。

编 者

目 录

项目一 安全用电及文明操作 ⋯⋯⋯⋯⋯⋯⋯⋯⋯⋯⋯⋯⋯⋯⋯⋯⋯⋯⋯⋯⋯⋯⋯⋯ 1
 任务一 安全用电 ⋯⋯⋯⋯⋯⋯⋯⋯⋯⋯⋯⋯⋯⋯⋯⋯⋯⋯⋯⋯⋯⋯⋯⋯⋯⋯⋯ 2
 任务二 电工安全操作规程 ⋯⋯⋯⋯⋯⋯⋯⋯⋯⋯⋯⋯⋯⋯⋯⋯⋯⋯⋯⋯⋯⋯⋯ 9
 任务三 接地与接零 ⋯⋯⋯⋯⋯⋯⋯⋯⋯⋯⋯⋯⋯⋯⋯⋯⋯⋯⋯⋯⋯⋯⋯⋯⋯⋯ 13
 任务四 安全标志 ⋯⋯⋯⋯⋯⋯⋯⋯⋯⋯⋯⋯⋯⋯⋯⋯⋯⋯⋯⋯⋯⋯⋯⋯⋯⋯⋯ 20

项目二 常用仪表及工具 ⋯⋯⋯⋯⋯⋯⋯⋯⋯⋯⋯⋯⋯⋯⋯⋯⋯⋯⋯⋯⋯⋯⋯⋯⋯⋯ 26
 任务一 导线规格及代号 ⋯⋯⋯⋯⋯⋯⋯⋯⋯⋯⋯⋯⋯⋯⋯⋯⋯⋯⋯⋯⋯⋯⋯⋯ 27
 任务二 常用电工工具 ⋯⋯⋯⋯⋯⋯⋯⋯⋯⋯⋯⋯⋯⋯⋯⋯⋯⋯⋯⋯⋯⋯⋯⋯⋯ 31
 任务三 常用电工仪器仪表 ⋯⋯⋯⋯⋯⋯⋯⋯⋯⋯⋯⋯⋯⋯⋯⋯⋯⋯⋯⋯⋯⋯⋯ 39

项目三 照明电路 ⋯⋯⋯⋯⋯⋯⋯⋯⋯⋯⋯⋯⋯⋯⋯⋯⋯⋯⋯⋯⋯⋯⋯⋯⋯⋯⋯⋯⋯ 50
 任务一 单相照明电路及安装 ⋯⋯⋯⋯⋯⋯⋯⋯⋯⋯⋯⋯⋯⋯⋯⋯⋯⋯⋯⋯⋯⋯ 51
 任务二 三相四线制照明电路及安装 ⋯⋯⋯⋯⋯⋯⋯⋯⋯⋯⋯⋯⋯⋯⋯⋯⋯⋯⋯ 62
 任务三 家用照明电路的设计与安装 ⋯⋯⋯⋯⋯⋯⋯⋯⋯⋯⋯⋯⋯⋯⋯⋯⋯⋯⋯ 67

项目四 变压器 ⋯⋯⋯⋯⋯⋯⋯⋯⋯⋯⋯⋯⋯⋯⋯⋯⋯⋯⋯⋯⋯⋯⋯⋯⋯⋯⋯⋯⋯⋯ 77
 任务一 初识变压器 ⋯⋯⋯⋯⋯⋯⋯⋯⋯⋯⋯⋯⋯⋯⋯⋯⋯⋯⋯⋯⋯⋯⋯⋯⋯⋯ 78
 任务二 单相变压器 ⋯⋯⋯⋯⋯⋯⋯⋯⋯⋯⋯⋯⋯⋯⋯⋯⋯⋯⋯⋯⋯⋯⋯⋯⋯⋯ 84
 任务三 三相变压器 ⋯⋯⋯⋯⋯⋯⋯⋯⋯⋯⋯⋯⋯⋯⋯⋯⋯⋯⋯⋯⋯⋯⋯⋯⋯⋯ 89
 任务四 电压互感器及电流互感器 ⋯⋯⋯⋯⋯⋯⋯⋯⋯⋯⋯⋯⋯⋯⋯⋯⋯⋯⋯⋯ 96
 任务五 三相变压器的检测 ⋯⋯⋯⋯⋯⋯⋯⋯⋯⋯⋯⋯⋯⋯⋯⋯⋯⋯⋯⋯⋯⋯⋯ 101

目 录

项目五　电动机 ·· 108
任务一　三相异步电动机概况 ·· 109
任务二　三相异步电动机的原理 ·· 117
任务三　三相异步电动机的连接 ·· 122
任务四　电动机的检测 ·· 127
任务五　单相异步电动机 ·· 133

项目六　常用低压电器 ·· 143
任务一　低压电器的基础知识 ·· 144
任务二　低压开关及断路器 ·· 148
任务三　熔断器 ·· 152
任务四　主令电器 ·· 156
任务五　接触器 ·· 160
任务六　继电器 ·· 164

项目七　电气控制电路 ·· 170
任务一　三相异步电动机单向及连续控制电路 ················ 171
任务二　三相异步电动机正反转控制电路 ························ 173
任务三　三相异步电动机行程控制 ···································· 178
任务四　三相异步电动机顺序启动控制 ···························· 182
任务五　三相异步电动机多地控制 ···································· 185
任务六　三相异步电动机降压启动 ···································· 187
任务七　三相异步电动机制动控制 ···································· 196
任务八　电动机调速 ·· 200

参考文献 ·· 210

项目一
安全用电及文明操作

学习目标

1. 了解安全用电的必要性，了解电工安全操作规程，掌握接地和接零的作用和要求。
2. 理解触电的种类、方式及安全电压等级，掌握触电急救的相关知识。
3. 掌握接地和接零的种类及作用。
4. 认识安全标志。

项目一　安全用电及文明操作

任务一　安全用电

一、任务描述

安全用电的基本方针是"安全第一,预防为主"。在生产生活中,由于操作不合理、使用不科学、保护措施不完善,常会有漏电事故发生,造成使用人员的触电事故以及设备损坏等,严重威胁人们的生命安全。

二、任务要点

（1）了解触电及触电类型。
（2）理解触电形式及影响触电伤害的因素。
（3）掌握触电急救知识,了解人工呼吸及胸外心脏按压法。

三、知识链接

（一）触电及触电类型

触电是指电流流过人体时对人体产生的生理和病理伤害。这种伤害是多方面的,可分为电击和电伤两种类型。

1. 电击

电击是指电流通过人体时所造成的内伤。它可造成人体发热、发麻、神经麻痹等,使肌肉抽搐、内部组织损伤,严重时将引起昏迷、窒息,甚至心脏停止跳动、血液循环终止而死亡。电击是触电事故中最危险的一种。通常所说的触电多是指电击。绝大部分触电死亡事故都是由电击造成的。

2. 电伤

电伤是指由电流的热效应、化学效应、机械效应对人体外部造成的局部伤害,常常与电击同时发生。最常见的情况有以下三种：

1）电弧烧伤

电弧烧伤由电弧的高温或电流产生的热量所引起,皮肉深度烧伤可造成残废或死亡。严重的电弧烧伤大多发生在高压设备上,如带负荷拉合隔离开关、线路短路而产生的强烈电弧。

2）电烙印

电烙印有时在触电后并不立即出现,而是相隔一段时间后才出现。电烙印一般不发炎或化脓，但往往造成局部麻木或失去知觉。电烙印在低压触电时常见。

3）金属溅伤

电弧的温度极高（中心温度可达 6 000～10 000 ℃），可使周围的金属熔化、蒸发并飞溅到皮肤表层，令皮肤表面变得粗糙坚硬，其色泽与金属种类有关，如灰黄色（铅）、绿色（紫铜）、蓝绿色（黄铜）等。金属溅伤后的皮肤经过一段时间后会自行脱落。

（二）触电形式

按照人体触及带电体的形式和电流通过人体的途径，触电形式可分为直接接触触电和间接接触触电。

1. 直接接触触电

人体直接触及或过分靠近电气设备及线路的带电导体而发生的触电现象称为直接接触触电。单相触电、两相触电和电弧烧伤都属于直接接触触电。

1）单相触电

当人体直接碰触相线或者带电设备其中的一相时，电流由相线经人体流入大地导致的触电现象称为单相触电，如图1-1所示。

2）两相触电

人体同时接触带电设备或线路中的两相导体，或在高压系统中人体同时接近不同相的两相带电导体而发生电弧放电，电流从一相导体通过人体流入另一相导体构成一个闭合回路，这种触电形式称为两相触电。

两相触电时，作用于人体上的电压为线电压，电流将从一相导线经人体流入另一相导线，这是很危险的，如图1-2所示。设线电压为380 V，人体电阻按1 700 Ω考虑，则流过人体内部的电流将达224 mA，足以致人死亡，所以两相触电要比单相触电严重得多。

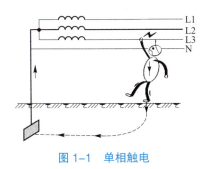

图1-1　单相触电　　　　图1-2　两相触电

3）电弧烧伤

电弧是气体间隙被强电场击穿时的一种现象。人体过分接近高压带电体会引起电弧放电，带负荷拉、合刀闸会造成弧光短路。电弧不仅使人受电击、电伤，而且对人体的危害往往是致命的。

总之，直接接触触电时，通过人体的电流较大，危险性也较大，往往导致死亡事故，所以要想方设法防止直接接触触电。

2. 间接接触触电

电气设备正常运转时，其金属外壳或结构是不带电的。当电气设备绝缘损坏而发生接地短路故障时，原来不带电的金属外壳带有电压，此时人体触及就会发生触电，这种现象称为间接接触触电。跨步电压触电和接触电压触电都属于间接接触触电。

1）跨步电压触电

当高压电线断裂落地时，电流就会由导线落地点流入大地向四周扩散，大地表面会形成以接地点为圆心的径向电位差分布，人站在高压线断落点附近的地面上，两脚间就会因站在不同的电位上而承受跨步电压。这时人行走时前后两脚间电位差达到危险电压而造成触电，称为跨步电压触电，如图1-3所示。已受到跨步电压威胁者应采取单脚或双脚并拢方式，迅速跳出危险区。

2）接触电压触电

外壳接地的电气设备当绝缘损坏而使外壳带电时，电流就会由设备外壳经接地线或接地体流入大地，如果设备接地电阻过大或接地线（或接地体）发生断路故障，此时人接触设备外壳就会造成接触电压触电，如图1-4所示。

图1-3 跨步电压触电

图1-4 接触电压触电

（三）决定触电伤害程度的因素

通过对触电事故的分析和实验资料表明，触电对人体伤害程度与以下几个因素有关。

1. 通过人体的电流大小

触电时，通过人体的电流大小是决定人体伤害程度的主要因素之一。通过人体的电流越大，人体的生理反应越强烈，对人体的伤害就越大。按照人体对电流的生理反应强弱和电流对人体的伤害程度，可将电流分为感知电流、摆脱电流和致命电流三种。

1）感知电流

感知电流是指引起人体感觉但无有害生理反应的最小电流值。当通过人体的交流电流达到 0.6～1.5 mA 时，触电者便感到微麻和刺痛，这一电流值称为人体对电流有感觉的临界值，即感知电流。感知电流的大小因人而异，成年男性的平均感知电流约为 1.1 mA，成年女性的平均感知电流约为 0.7 mA。

2）摆脱电流

人触电后能自主摆脱电源的最大电流称为摆脱电流。成年男性的平均摆脱电流约为 16 mA，成年女性的平均摆脱电流约为 10 mA。

3）致命电流

致命电流是指在较短时间内引起触电者心室颤动而危及生命的最小电流值。正常情况下心脏有节奏地收缩与扩张。当电流通过心脏时，原有正常节律受到破坏，可能引起每分钟数百次的颤动，此时便易引起心力衰竭、血液循环终止、大脑缺氧而导致死亡。

致命电流值一般认为是 50 mA。

2. **电流通过人体的持续时间**

在条件都相同的情况下，电流通过人体的持续时间越长，对人体伤害的程度越高，这是因为

（1）通电时间越长电流通过心脏的可能性越大，因而引起心室颤动的可能性也越大。

（2）通电时间越长对人体组织的破坏越严重，电流的热效应和化学效应将会使人体出汗和组织炭化，从而使人体电阻逐渐降低，流过人体的电流逐渐增大。

（3）通电时间越长引起心室颤动所需的电流也越小。

3. **电流通过人体的途径**

电流通过人体的任一部位都可能致人死亡。电流通过心脏、中枢神经（脑部和脊髓）、呼吸系统是最危险的。因此，从左手到前胸是最危险的电流路径，这时心脏、肺部、脊髓等重要器官都处于电路内，很容易引起心室颤动和中枢神经失调而死亡；从右手到脚的途径危险性小些，但会因痉挛而摔伤；从右手到左手的危险性又小些；危险性最小的电流途径是从一只脚到另一只脚，但触电者可能因痉挛而摔倒，导致电流通过全身或二次伤害。

4. **电压高低**

触电电压越高对人体的危害越大。触电致死的主要因素是通过人体的电流，根据欧姆定律，电阻不变时电压越高流过人体的电流越大，受到的危害就越严重，这就是高压触电比低压触电更危险的原因。此外，高压触电往往产生极大的弧光放电，强烈的电弧可以造成严重的烧伤或致残。电压超过 36 V 会使人体有触电的危险，36 V 以下的电压才是安全的。

5. **电流频率**

电流的频率不同，触电的伤害程度也不同。直流电对人体的伤害较轻。30～300 Hz 的交流电危害最大，超过 1 000 Hz 其危险性会显著减小。频率在 20 kHz 以上的交流电对人体已无危害，所以，在医疗临床上利用高频电流做理疗，但电压过高的高频电流仍会使人触电致死。

6. **人体状况**

人体的身体状况不同，触电时受到的伤害程度也不同。例如患有心脏病、神经系统、呼吸系统疾病的人，在触电时受到的伤害程度要比正常人严重。一般来说，女性较男性对

电流的刺激更为敏感，感知电流和摆脱电流要低于男性，儿童触电比成人要严重。此外，人体的干燥或潮湿程度、人体健康状况等都是影响触电时受到伤害程度的因素。

（四）安全电压

安全电压指交流工频安全电压，我国规定安全电压的额定值为 42 V、36 V、24 V、12 V、6 V。如手提照明灯、危险环境的携带式电动工具应采用 36 V 安全电压。金属容器内、隧道内、矿井内等工作场合，狭窄、行动不便及周围有大面积接地导体的环境，应采用 24 V 或 12 V 安全电压，以防止因触电而造成人身伤害。

（五）触电急救

触电后，电流可直接流过人体的内部器官，导致心脏、呼吸和中枢神经系统机能紊乱，形成电击或者电流的热效应、化学效应和机械效应对人体的表面造成电伤。无论是电击还是电伤，都会带来严重的伤害，甚至危及生命。

一旦发生触电事故，迅速准确地进行现场急救是抢救触电者的关键。触电急救首先要使触电者迅速安全地脱离电源，然后再进行现场救护。

1. 使触电者脱离电源

1）低压触电事故中可采用的方法

（1）如果电源开关离触电现场较近，则就近断开电源开关。

（2）如果电源开关离触电现场较远，可用身边就近的绝缘物挑开、推开与触电者接触的电线或电气设备，使之脱离电源。

（3）如果触电者身上搭有导线，可用干燥的木棍、竹竿等挑开导线或用干燥的绝缘绳套拉导线或触电者，使其脱离电源，如图 1-5 所示。

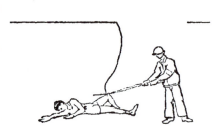

图 1-5　使触电者脱离电源

2）触电者脱离电源时的注意事项

（1）救护人员需采用适当的干燥绝缘工具作为救护工具，尽可能单手操作。

（2）要防止触电者脱离电源后可能造成的外伤。

（3）如果触电发生在夜间，则临时照明问题的迅速解决，将对抢救起到很大的帮助，同时可以防止其他事故的发生。

2. 触电者的现场救护

触电者脱离电源后，应当尽快派人请医务人员前来抢救，同时视情况对触电者迅速进行现场救治。注意不能滥用药物（如打强心针）或是搬动、运送触电者。对于在触电同时发生了一般外伤的人员，可以在急救以后处理外伤。

如果触电者尚未失去知觉或一度昏迷后已恢复清醒，则应当让其在湿度适宜、通风良好的处所静卧休息，注意观察。触电者处于昏迷状况，如果呼吸停止但仍有心跳，则需进行人工呼吸救护；如果有呼吸但没有心跳，则要进行胸外按压救护；如果既无呼吸也无心跳，则应同时进行人工呼吸和胸外按压救护。

不管采用哪种方法，首先要让触电者仰卧，迅速解开妨碍其呼吸的衣、裤，尽可能使其头部后仰，掰开触电者的嘴，清除口中污物、假牙，防止舌根堵塞呼吸道，保证其呼吸顺畅。

1）人工呼吸急救法

抢救时，救护者一手捏紧触电者的鼻孔，自己深呼吸后将自己的嘴紧贴触电者的嘴，进行口对口吹气，如图 1-6 所示。人工呼吸要长时间有节奏地进行，一般每 5 s 吹气一次，每次吹气约 2 s。如果触电者的嘴掰不开，可以对鼻孔吹气进行急救，如图 1-7 所示。

图 1-6　口对口人工呼吸　　　　　　　图 1-7　口对鼻人工呼吸

2）心脏胸外按压急救法

（1）清理口腔，将病人的头侧向一边，用手指伸入口腔清除分泌物及异物；

（2）压头抬颏后，随即低下头判断呼吸，眼（看）、耳（听）、面（感），触摸颈动脉搏动，颈动脉在喉结旁 2～3 cm 处，如图 1-8 所示；

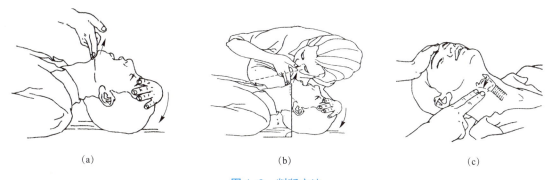

图 1-8　判断方法
(a) 眼（看）；(b) 耳（听）；(c) 面（感）

（3）右手中指放在胸骨下切迹，左手掌根压在右手食指上，右手与左手重叠，如图 1-9 所示；

（4）频率为 100～120 次 /min，按压深度为 4～5 cm。

注意事项：人触电后往往出现心跳停止、呼吸中断、昏迷不醒等死亡现象，但这些很可能是假死。救护者切记不要轻易放弃抢救机会，应该果断地以最快的速度和正确的方法就地进行抢救，不能错过心肺复苏的"黄金 8 分钟"。

项目一　安全用电及文明操作

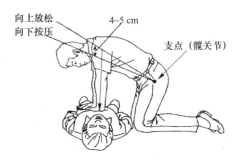

图 1-9　胸外按压法

心搏骤停 1 min 内实施——成功率大于 90%。
心搏骤停 4 min 内实施——成功率约为 60%。
心搏骤停 6 min 内实施——成功率约为 40%。
心搏骤停 8 min 内实施——成功率约为 20%，且侥幸存活者可能已"脑死亡"。
心搏骤停 10 min 外实施——成功率很小。

四、安排练习

为了更好地完成任务，你需要回答以下问题：
（1）触电是指电流流过人体产生的＿＿＿＿或＿＿＿＿伤害。
（2）人体触电的方式多种多样，主要分为＿＿＿＿和＿＿＿＿两种。
（3）成年男性的平均感知电流约为＿＿＿＿，摆脱电流约为＿＿＿＿。
（4）交流工频安全电压，我国规定安全电压的额定值为＿＿＿＿。
（5）一旦发生触电事故，迅速准确地进行＿＿＿＿是抢救触电者的关键。

五、拓展与提高

为什么小鸟在高压线上不会触电？

同样都是一根高压线，为什么小鸟在上面却不会触电呢？我们都知道，电源分为正负两极，在正负两极之间连接上导体，电流就会从导体上流过。同样输电线也分为火线与零线，人体是导体，人的身体较大，在碰到火线和零线时会把两根电线连在一起形成通路，人体上就有大电流流过，这就是人触电身亡的原因。

我们在做电学实验时如果用电压表测一根导线上两点电压几乎为零，这是为什么呢？因为导线的电阻基本为零，由欧姆定律可知导线电压很小几乎为零，由于小鸟身体较小，它只接触了一根电线，它的身体和所站在的那根电线是并联，也可以认为导线把小鸟短路了，小鸟身体上没有电流通过，所以它们不会触电。下面通过具体计算来说明这个问题，如图 1-10 所示。原来小鸟的两只爪子是立在同一根导线上。输送 220 kV 高压的 LGJ 型钢芯铝绞线，其横截面积大约是 95 mm^2，允许通过电流为 325 A。如果小鸟两爪间距离为 5 cm，这段 5 cm 长的导线电阻只有 $1.63×10^{-6}$ Ω，其两端电压 $U = IR$，

不会超过 5.3×10^{-3} V，这就是加在小鸟身上的电压。如果小鸟身体的电阻是 10 000 Ω，那么通过小鸟身体的电流仅为 0.53 μA。电流很弱，因此小鸟不会触电。

但是如果蛇爬到电线上就危险了，它的身体较长，当它爬到高压线上后会把火线与零线两根连接在一起造成触电死亡。钻进配电房的老鼠也常常会触电死亡。我们也知道，电业工人在高压线上的带电作业与小鸟站在一根电线上的道理是一样的，所以能够安全操作。喜鹊和乌鸦等鸟类喜欢在电线杆上垒窝，这同样是十分危险的，这样很容易形成短路，造成灾害。

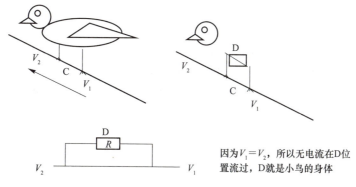

图 1-10　电压示意图

不过小鸟也有触电的时候，那就是当它们停在高压电线杆的横臂上的时候，常常在有电流的电线上磨嘴。如果这横臂不是绝缘的，电流就会从鸟身上通过，流过横臂、铁架进入地里，这样一来小鸟也会触电身亡。因此，人们在电线杆的横臂上装上了绝缘的架子，这样做不仅可以防止鸟类触电，还可以杜绝因鸟类触电发生断电，从而保障供电畅通。

任务二　电工安全操作规程

一、任务描述

随着经济社会的发展，人们对电能的要求越来越高，依赖性越来越强，电能已经变成了不可缺少的能源。用电设备不断取代其他种类的设备被应用到生产和生活中。人们采购和使用的用电设备质量不一、标准不同，经常造成各类用电安全事故频发，严重威胁到人们的生命和财产安全。如何提高用电安全成为人们长久以来一直的追求，也是行业努力的目标。严格按照电工安全操作规程作业对于保护人员生命安全和设备安全有重要的意义。

二、任务要点

（1）了解电工安全操作技术方面的有关规定。
（2）了解安全检查的有关规定。
（3）了解文明生产方面的有关规定。

三、知识链接

熟练掌握电工安全操作的各项规定，了解电工生产岗位责任制，学会文明生产。

1. 电工安全操作技术方面的有关规定

（1）工作前必须检查工具、测量仪表和防护用具是否完好。
（2）任何电气设备未经验明无电时，一律视为有电，不准用手触及。
（3）不准在运行中拆卸修理电气设备。检修时必须停车，切断电源并验明无电后，方可取下熔体，挂上"禁止合闸，有人工作"的警示牌。
（4）在总配电盘及母线上进行工作时，在验明无电后应接临时接地线，装拆接地线都必须由值班电工进行。
（5）临时工作中断后或每班开始工作时，都必须重新检查电源确已断开，并验明无电。
（6）必须在低压配电设备上进行带电工作时，要经领导批准，并要有专人监护。
（7）工作时要戴安全帽，穿长袖衣服，戴绝缘手套，使用绝缘的工具并站在绝缘物上进行操作。邻相带电部分和接地金属部分应用纸张板隔开。带电工作时，严禁使用锉刀、钢尺等金属工具进行工作。
（8）禁止带负载操作动力配电箱中的刀开关。
（9）电气设备的金属外壳必须接地（接零），接地线要符合标准，不准断开带电设备的外壳接地线。
（10）拆除电气设备或线路后，对可能继续供电的线头必须立即用绝缘布包好。
（11）安装灯头时，开关必须接在相线上，灯头（座）螺纹端必须接在零线上。
（12）对临时装设的电气设备，必须将金属外壳接地。严禁将电动工具的外壳接地线和工作零线接在一起插入插座。必须使用两线带地或三线插座时，可以将外壳接地线单独接到干线的零线上，以防接触不良引起外壳带电。
（13）动力配电盘、配电箱、开关、变压器等各种电气设备附近，不准堆放各种易燃、易爆、潮湿和其他影响操作的物件。
（14）熔断器的容量要与设备和线路安装容量相适应。
（15）使用一类电动工具时，要戴绝缘手套并站在绝缘垫上。
（16）当电气设备发生火灾时，要立刻切断电源，然后使用二氧化碳灭火器灭火，严禁用水或泡沫灭火器灭火。

2. 安全检查的有关规定

（1）为了防止触电事故的发生，应定期检查电工工具及防护用品如绝缘鞋、绝缘手套等的绝缘性能是否良好，是否在有效期内，如有问题应立即更换。

（2）在安装或维修电气设备前，要清扫工作场地和工作台，防止灰尘等杂物侵入而造成故障。

（3）在维修操作时应及时悬挂安全牌，应严格遵守停电操作的规定，做好防止突然送电的各项安全措施。检查维修线路时，首先应拉下闸刀开关，然后再用验电笔测量刀开关下端头，确认无电后应立即悬挂"禁止合闸，线路有人工作"的警示牌，之后才能进行操作检查。

（4）在高压电气设备或线路上工作时，必须要有保证电工安全工作的制度，如工作台票制度，操作票制度，工作许可制度，工作监护制度，工作间断、转移和终结制度等。

3. 文明生产方面的有关规定

文明生产对保障电气设备及人身的安全至关重要，因而每一位电工都应学会文明生产。文明生产主要包括以下内容：

（1）对工作要认真负责，对机器设备、工具、原材料等要极为珍惜，具有较高的道德风尚和高度的主人翁责任感。

（2）要熟练掌握电工基本操作技能，熟悉本岗位工作的规章制度和安全技术知识。

（3）具有较强的组织纪律观念，服从领导的统一指挥。

（4）工作现场应经常保持整齐清洁，环境布置合乎要求，工具摆放合理整齐。

（5）电工工具、电工仪表及电工器材的使用应符合规程的要求。

（6）工作要有计划、有节奏地进行，在对重要的电气设备进行维修工作或登高作业时，施工前后均应清点工具及零件，以免遗漏在设备内。

四、安排练习

为了更好地完成任务，你需要回答以下问题：

（1）任何电气设备内部未经验明无电时，一律视为_____，不准用手触及。

（2）拆除电气设备或线路后，对可能继续供电的线头必须立即用_____包好。

（3）安装灯头时，开关必须接在_____上，灯头（座）螺纹端必须接在_____上。

（4）熔断器的容量要与设备和线路安装容量_____。

（5）使用一类电动工具时，要戴绝缘手套并站在_____上。

五、拓展与提高

静　电

静电是指相对静止不动的电荷，当一个物体带有一定量静的正电荷或静的负电荷时，可以称其带有静电。静电通常指因不同物体之间相互摩擦而产生的在物体表面所带的正负电荷。

项目一　安全用电及文明操作

在干燥和多风的秋天，在日常生活中，我们常常会碰到这种现象：晚上脱衣服睡觉时，黑暗中常听到"噼啪"的声响，有时伴有火光；见面握手时，手指刚一接触到对方，会突然感到指尖针刺般刺痛；早上起来梳头时，头发会经常"飘"起来，越理越乱。静电现象如图 1-11、图 1-12 所示，这是怎么回事呢？具有不同静电电位的物体互相靠近或直接接触引起的电荷转移就是静电放电。

图 1-11　静电现象一

图 1-12　静电现象二

物质都是由分子构成的，分子是由原子构成的，原子是由带负电荷的电子和带正电荷的质子构成的。在正常状况下，原子的质子数与电子数数量相同、正负平衡，所以对外表现出不带电的现象。在日常生活中，任何两个不同材质的物体接触后再分离，都可能产生静电。

静电经过一段时间后会慢慢减少，这段时间的长度与物体的电阻有关。电阻越大，静电越不易耗散。实际应用中的两个极端的例子是塑料和金属，塑料的电阻非常高，因此塑料产品上的静电很难导走，而金属的电阻非常低，接地的金属带静电的时间极短。

静电具有高电压、低电量、小电流的特点。静电通常用伏特（V）表示。虽然静电电压很高，但是能量很小，一般不超过数毫焦耳，少数达到数十毫焦耳。所以 220 V 交流电源是危险的，但 1 000 V 的静电则是很普通的。人体带电量和电击程度见表 1-1。

表 1-1　人体带电量和电击程度

人体带电量 /V	电击程度
1 000	完全没感觉
3 000	感到刺痛
5 000	手掌甚至手腕感到发麻
7 000	手掌感到强烈疼痛、麻痹
10 000	整个手都觉得痛，并且感到触电
12 000	感到整个手受到强烈冲击

静电对人体健康是有害的。研究表明，人体长期在静电辐射下，会感到焦躁不安、

头痛、胸闷、呼吸困难、咳嗽。静电可吸附空气中大量的尘埃,且带电性越大,吸附尘埃的数量就越多,而尘埃中往往含有多种有毒物质和病菌,轻则刺激皮肤影响皮肤的光泽和细嫩,重则使皮肤起瘢生疮,更严重的还会引发支气管哮喘和心律失常等病症。

为防止静电的产生,室内要保持一定的湿度。要勤洗澡、勤换衣服,以消除人体表面积聚的静电荷。头发无法梳理时,可将梳子浸入水中片刻,等静电消除之后便可以将头发梳理服帖。脱衣服之后用手轻轻摸一下墙壁、门把手等,将体内静电"放"出去,这样就不会受静电伤害了。应选择柔软、光滑的棉纺织或丝织衣裤,尽量不穿化纤类衣物,可以将静电的危害减少到最低。

任务三　接地与接零

一、任务描述

在电力系统中,电气装置绝缘老化、磨损或被过电压击穿等,都会使原来不带电的部分(如金属底座、金属外壳、金属框架等)带电,或者使原来带低压电的部分带上高压电,这些意外的不正常带电将会引起电气设备损坏和人身触电伤亡事故。为了避免这类事故的发生,通常采取保护接地和保护接零的防护措施。

二、任务要点

(1)掌握工作接地、保护接地的意义及原理。
(2)掌握重复接地、保护接零的意义及原理。

三、知识链接

在电力施工过程中,有工作接地、保护接地、重复接地以及保护接零等保护措施。

(一)工作接地

电力系统中,由于运行和安全的需要,为保证电力网在正常情况下或事故情况下能安全可靠地工作,将三相四线制供电系统中变压器低压侧中性点的接地称为工作接地。接地后的中性点称为零点,中性线称为零线。工作接地可以提高变压器工作的可靠性,同时也可以降低高压窜入低压的危险性,如图1-13所示。

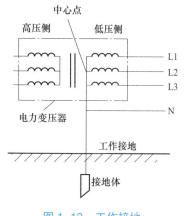

图1-13　工作接地

66 kV 以下的电力系统中一般采用中性点不接地系统，即小电流接地系统，以提高供电的可靠性。若欲防止这种不接地系统中发生一相接地故障，其电容电流较大致使接地点电弧不能自行熄灭并引起弧光接地产生过电压，甚至发展成严重的系统性事故，则可在电力系统中某些中性点处装设消弧线圈，以降低接地电流值，保证电弧易于熄灭。

380/220 V 的配电系统中一般采用中性点直接接地方式，当发生单相接地故障时，中性点零点位不位移保证非故障相对地电压仍为 220 V，防止因相电压升高使各相用电设备遭到损坏。

（二）保护接地

保护接地是指为了保障人身安全，避免发生触电事故，将电气设备在正常情况下不带电的金属部分与大地做电气连接。采用保护接地后可使人体触及漏电设备外壳时的接触电压明显降低，因而大大地减小了触电的危险。保护接地主要应用在中性点不接地的电力系统中。在变压器中性点不直接接地的供电系统中，电气设备发生一相碰壳时的危险性如图 1-14 所示。

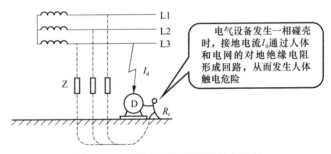

图 1-14 中性点不直接接地的危险性

当电气设备的某一相发生碰壳时，接地电流通过人体和电网的对地绝缘阻抗形成回路，从而发生人体触电事故。为解决上述可能出现的危险，可采取如图 1-15 所示的保护接地措施。

保护接地电阻多大合适呢？由保护接地的原理可知，保护接地就是利用并联电路中的小电阻（接地电阻）对大电阻（人体电阻）的强分流作用，将漏电设备外壳的对地电压限制在安全范围以内，各种保护接地的接地电阻就是根据这个原理确定的。

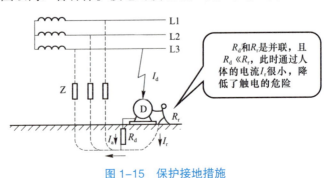

图 1-15 保护接地措施

1. 低压电气设备的保护接地电阻

在中性点不接地的 380/220 V 低压系统中，单相接地电流很小。为保证设备漏电时外壳对地电压不超过安全范围，一般要求保护接地电阻 $R \leqslant 4 \, \Omega$；当变压器容量在 $100 \, kV \cdot A$ 及以下时，R 可放宽至不大于 $10 \, \Omega$。

2. 高压电气设备的保护接地电阻

高压系统按单相接地短路电流的大小可分为大接地短路电流（其值大于 500 A）系统与小接地短路电流（其值不大于 500 A）系统。小接地短路电流系统接地电阻 R 不超过 $10 \, \Omega$，大接地短路电流系统接地电阻不超过 $0.5 \, \Omega$。

（三）重复接地

在三相四线制保护接零电网中，除了变压器中性点的工作接地之外，将零线的一处或多处通过接地装置与大地再次连接称为重复接地。重复接地可以降低漏电设备外壳的对地电压，减小触电的危险，它是保护接零系统中不可缺少的安全技术措施，其安全作用如下：

（1）降低漏电设备对地电压。

（2）减小了零干线断线的危险，如图 1-16 所示。

（3）工作零线的重复接地在正常时能起到纠偏的作用。

（4）改善了架空线路的防雷性能。重复接地的设置位置：户外架空线路或电缆的入户处，架空线路每隔 1 km 处，架空线路的转角杆、分支杆、终端杆处。

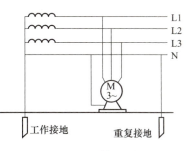

图 1-16　重复接地

（四）保护接零

在中性点不接地的电网中，采用保护接地可以有效地防止或减少人体触及"碰壳"设备外露导电部分时的危险。但在中性点直接接地的电网中，只采用保护接地很难保证人身安全，除非增加其他保护措施才能将"碰壳"设备的对地电压降至安全电压以下。目前，在中性点直接接地的 380/220 V 三相四线制系统中，广泛采用保护接零作为防止间接触电的保安技术措施。

1. 保护接零

保护接零就是把电气设备平时不带电的外露可导电部分与电源的中性线 N（N 线直接与大地有良好的电气连接）连接起来。采用保护接零的中性点直接接地的低压配电系统如图 1-17 所示。

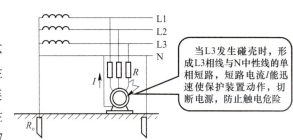

图 1-17　保护接零的中性点直接接地的低压配电系统

当某相出现事故碰壳时形成相线和零线的单相短路，短路电流能迅速使保护装置（如熔断器）动作切断电源，从而把事故点与电源断开防止触电危险。在变压器中性点接地系统中，如果电气设备采用保护接地，当电气设备发生单相碰壳接地短路，则不能很好地起到保护作用，易发生人身触电，如图 1-18 所示。漏电流一般不会使短路保护装置动作，漏电设备会长期带电。人若触及单相碰壳接地短路的设备则会发生触电危险。在供电系统中必须加装漏电断路器，当设备发生漏电时自动切断电源。

2. 接地和接零保护不可混用

如图 1-19 所示，在变压器中性点接地系统中，如果接零保护和接地保护混用，当采用接地保护的设备发生碰壳事故时，在全部接零保护的设备外壳上均带 1/2 相电压（设 $R_0 = R$），因此采用混接是危险的。保护接地、工作接地、重复接地及保护接零示意图如图 1-20 所示。

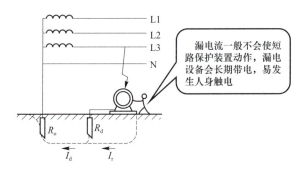

图 1-18　接地网中单纯保护接地的危险性

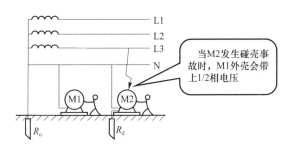

图 1-19　接地接零混用的危险性

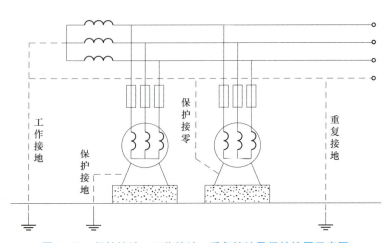

图 1-20　保护接地、工作接地、重复接地及保护接零示意图

四、安排练习

为了更好地完成任务,你需要回答以下问题:

(1)电力系统中,由于运行和安全的需要,为保证电力网在正常情况下或事故情况下能安全可靠地工作,将三相四线制供电系统中变压器低压侧_____的接地称为工作接地。

(2)小接地短路电流系统接地电阻 R 不超过____Ω,大接地短路电流系统接地电阻不超过____Ω。

(3)保护接地主要应用在_____不接地的电力系统中。

(4)110 kV 以上的电力系统中,都采用_____的接地方式。

(5)目前,在中性点直接接地的 380/220 V 三相四线制系统中,广泛采用_____作为防止间接触电的保安技术措施。

五、拓展与提高

接地装置

接地就是电气设备或装置的某一点(接地点)与大地之间有着可靠的又符合技术要求的电连接。接地可分为工作接地(如配电变压器低压侧中性点接地和避雷器、避雷线的接地)和保护接地(如各种电气设备、装置和用电器的金属外壳接地)等。

(一)接地装置的分类

接地装置是由接地体和接地线两部分组成的。接地装置按接地体的多少可分为三种组成形式。

1. 单极接地装置

单极接地由一支接地体构成,接地线一端与接地体连接,另一端与设备的接地点直接连接,如图 1-21 所示。它适用于接地要求不太高和设备接地点较少的场所。

2. 多极接地装置

多极接地装置由两支以上接地体构成,各接地体之间用接地干线连成一体形成并联,从而减小了接地装置的接地电阻。接地支线一端与接地干线连接,另一端与设备的接地点直接连接,如图 1-22 所示。多极接地装置可靠性强,适用于接地要求较高,而设备接地点较多的场所。

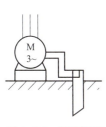

图 1-21 单极接地

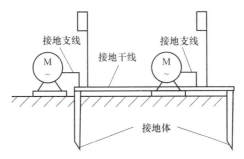

图 1-22 多极接地

3. 接地网络

接地网络是指由多支接地体用接地干线将其互相连接所形成的网络。图 1-23 所示为接地网络常见的形状。接地网络既方便机房设备的接地需要，又加强了接地装置的可靠性，也减小了接地电阻。其适用于配电所以及接地点多的车间、工厂或露天作业等场所。

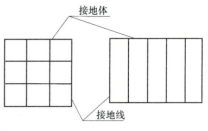

图 1-23 接地网络

（二）接地装置的技术要求

接地电阻原则上越小越好，考虑到经济合理，接地电阻以不超过规定的数值为准。避雷针和避雷线单独使用时的接地电阻小于 109 Ω，配电变压器低压侧中性点接地电阻应在 0.5～10 Ω，保护接地的接地电阻不小于 49 Ω。几个设备共用一副接地装置，接地电阻应以要求最高的为准。

（三）接地体

1. 自然接地体

自然接地体是兼作接地体用而埋入地下的金属管道、金属结构、钢筋混凝土地基等物件。在设计与选择接地体时，首先要充分利用自然接地体，以节省钢料、减少投资。

可作为自然接地体的物体有：敷设在地下的金属管道及热力管道，输送可燃、可爆介质的管道除外；建筑物或建筑物基础中的钢筋；与大地有可靠连接的建筑物的钢结构件；敷设于地下且数量不少于两根的电缆金属外皮等。

利用自然接地体应注意的问题如下：

（1）自然接地体至少要有两根引出线与接地干线相连。

（2）不得在地下利用裸铝导体作为接地体。

（3）利用管道或配管作接地体时，应在管接头处采用跨接线焊接。

（4）直流电力网的接地装置不得利用自然接地体。

2. 人工接地体

人工接地体是采用钢管、角钢、扁钢、圆钢等钢材特意制作而埋入地下的导体。人工接地体按其埋设方式不同，分为垂直接地体和水平接地体两种。

垂直接地体：垂直接地体可采用直径为 40～50 mm 的钢管或 40 mm×40 mm×40 mm～50 mm×50 mm×50 mm 的角钢，下端加工成尖状砸入地下。垂直接地体的长度为 2～3 m，但不能短于 2 m。垂直接地体一般由两根以上的钢管或角钢组成，或以成排布置，或以环形布置。相邻钢管或角钢之间的距离以不超过 3～5 m 为宜。垂直接地体的几种典型布置如图 1-24 所示。

水平接地体：水平接地体多采用 40 mm×4 mm 的扁钢或直径为 16 mm 的圆钢制作，多采用放射形布置，也可以成排布置成带形或环形。水平接地体的几种典型布置如图 1-25 所示。

任务三 接地与接零

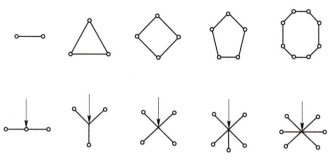

图1-24 垂直接地体的几种典型布置

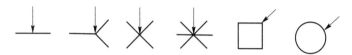

图1-25 水平接地体的几种典型布置

3. 接地线

接地线包括接地干线和接地支线两部分。接地线应尽量利用金属构件的自然导体，用作自然接地线的有生产用的金属结构，如吊车轨道、配电装置的构架；配线的钢管（壁厚不小于1.5 mm）；建筑物的金属结构，如钢梁、钢柱、钢筋；不会引起燃烧或爆炸的金属管道等。采用管道或配管作自然接地线时，应在管接头处采用跨接线焊接，跨接线可采用6 mm的圆钢。管径在50 mm及以上时，跨接线应采用25 mm×4 mm的扁钢。

若连接的电气设备较多，则宜敷设接地干线。各电气设备分别与接地干线相连，而接地干线则与接地体连接，如图1-26所示。若无可利用的自然接地线或虽有可利用的、但不能满足运行中电气连接可靠的要求及接地电阻不符合规定时，则应另设人工接地线。人工接地线一般应采用钢质接地线。只有当采用钢质接地线施工困难，或移动式电气设备和三相四线制照明电缆的接地芯线，才可采用有色金属作人工接地线。

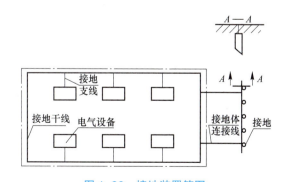

图1-26 接地装置简图

任务四　安全标志

一、任务描述

安全标志是指在有触电危险的场所或容易产生误判断、误操作的地方，以及存在不安全因素的现场设置的文字或图形标志。安全标志可以提示人们识别、警惕危险因素。设置安全标志可以防止人们偶然触及或过于接近带电体而触电，是保证安全用电的一项重要的防护措施。

二、任务要点

（1）了解安全标志的有关规定。
（2）熟悉常见的安全标志。

三、知识链接

安全标志一般由文字、图形、编号、颜色等构成。

（一）对安全标志的基本要求

（1）文字简明扼要，图形清晰，色彩醒目。
（2）标准统一或符合传统习惯，便于管理。

（二）常用安全标志

1. 安全色标

我国采用的安全色标的含义基本上与国际安全色标标准相同。安全色标的含义见表1-2。

表1-2　安全色标的含义

色标	含义	举例
红色	禁止、停止、消防	停止按钮、灭火器、仪表运行极限
黄色	注意、警告	"当心触电""注意安全"
绿色	安全、通过、允许、工作	如"在此工作""已接地"
黑色	警告	多用于文字、图形、符号
蓝色	强制执行	"必须戴安全帽"

2. 导线色标

导线色标指新、旧两种颜色的标志，见表1-3。在工程施工和产品制造中应逐步向新标准过渡。

表1-3 导线色标

类别	导线名称	旧	新
交流电路	L1	黄	黄
	L2	绿	绿
	L3	红	红
	N	黑	淡蓝
直流电路	正极	红	红
	负极	蓝	蓝
安全用接地线		黑	绿/黄双色线*

注：* 按国际标准和我国标准，在任何情况下，绿/黄双色线只能用作保护接地或保护接零线。但在日本及西欧一些国家采用单一绿色线作为保护接地（零）线，我国出口这些国家的产品也是如此。使用这类产品时，必须注意仔细查阅使用说明书或用万用表判别之，以免接错线造成触电

3. 安全标志

安全标志由安全色、几何图形和形象的图形符号构成，用以表达特定的安全信息。安全标志主要分为禁止标志、警告标志、指令标志、提示标志四类，还有补充标志。

（1）禁止标志。禁止标志的含义是禁止人们不安全行为。其基本形式为带斜杠的圆形框。圆形和斜杠为红色，图形符号为黑色，衬底为白色，如图1-27所示。

图1-27 禁止标志

（2）警告标志。警告标志的含义是提醒人们对周围环境引起注意，以避免可能发生的危险。其基本形式是正三角形边框，三角形边框及图形符号为黑色，衬底为黄色，如图1-28所示。

（3）指令标志。指令标志的含义是强制人们必须做出某种动作或采取防范措施。其基本形式是圆形边框，图形符号为白色，衬底为蓝色，如图1-29所示。

图 1-28 警告标志

图 1-29 指令标志

（4）提示标志。提示标志的含义是向人们提供某种信息（如标明安全设施或场所等）。其基本形式是正方形边框，图形符号为白色，衬底为绿色，如图 1-30 所示。

(a)   (b)   (c)

图 1-30 提示标志
(a) 紧急出口；(b) 避险处；(c) 可动火区

（5）补充标志。补充标志是对前述四种标志的补充说明，以防误解，如图 1-31 所示。

图 1-31 安全指示牌

四、安排练习

为了更好地完成任务，你需要回答以下问题：

（1）安全标志可以提示人们_____、_____危险因素。

（2）安全标志分为禁止标志、警告标志、_____和_____四类。

（3）安全标志由_____、_____和形象的图形符号构成，用以表达特定的安全信息。

（4）交流电的三根火线分别用_____、_____、_____颜色的电线。

（5）直流电路的正负极一般用_____、_____颜色的电线装接。

五、拓展与提高

电气火灾

电气火灾一般是指由电气线路、用电设备以及供配电设备出现故障造成的火灾，也包括雷电和静电引起的火灾。发生火灾时首先要切断电源以免触电，避免电气设备与线路短路扩大。火灾区域内电气设备由于受潮及烟熏绝缘能力降低，拉开开关时要使用绝缘工具。在来不及断电或其他原因不能断电而需要带电灭火的情况下，应选用不导电的灭火器如二氧化碳、四氯化碳、干粉灭火器等。

（一）电气火灾的分类

电气火灾有漏电火灾、短路火灾、过负荷火灾、接触电阻过大火灾等四种类型。

1. 漏电火灾

所谓漏电就是线路的某一个地方因为某种原因使电线的绝缘或支架材料的绝缘能力下降，导致电线与电线之间、导线与大地之间有一部分电流通过的现象。当漏电发生时，漏泄的电流在流入大地途中如遇电阻较大的部位，会产生局部高温致使附近的可燃物着火，从而引起火灾。此外，在漏电点产生的漏电火花同样也会引起火灾。

2. 短路火灾

电气线路中的裸导线或绝缘导线的绝缘体破损后，火线与火线，火线与零线、地线在某一点碰在一起，引起电流突然大量增加的现象叫作短路。由于短路时电阻突然减小，电流突然增大，其瞬间的发热量也很大，大大超过线路正常工作时的发热量，并在短路点易产生强烈的火花和电弧，不仅能使绝缘层迅速燃烧而且能使金属熔化，引起附近的易燃可燃物燃烧造成火灾。

3. 过负荷火灾

当导线中通过的电流量超过安全载流量时，导线的温度不断升高，这种现象叫作导线过负荷。导线过负荷会加快导线绝缘层老化变质；导线严重过负荷会引起导线的绝缘发生燃烧，引燃导线附近的可燃物从而造成火灾。

4. 接触电阻过大火灾

当有电流通过接头时导线会发热，这是正常现象。如果接头中有杂质、连接不牢或其他原因使接头接触不良，造成接触部位的电阻过大，当电流通过时，就会在此处产生大量的热量形成高温，这种现象就是接触电阻过大。在有大电流通过的电气线路上，如果在某处出现接触电阻过大，就会在接触电阻过大的局部范围内产生极大的热量，使金属变色甚至熔化，引起导线的绝缘层发生融化、燃烧，并引燃附近的可燃物，从而造成火灾。

（二）电气火灾的预防

1. 规范设计

严格按电气装置设计规范、防火设计规范设计。设计图纸不科学、不合理，甚至仍使用落后淘汰的产品是电气火灾发生的原因之一。

2. 安装工艺

严格按有关电气施工规范施工，不能擅改设计图纸，按设计标准选用电气设备及材料，不能随意变更线路参数或乱接负荷。

3. 日常检查

（1）对用电线路进行检查，防止划伤、磨损、碰压导线绝缘；

（2）在特别潮湿、高温或有腐蚀性物质的场所，严禁明敷绝缘导线，应采用套管布线；

（3）安装线路时，导线与导线之间、导线与建筑构件之间应符合规程要求的间距；

（4）定期检查熔断器，选用合适的熔丝；定期检查漏电保护器的灵敏性；

（5）检查线路所有连接点是否牢固，接地是否可靠。

4. 技术措施

（1）由专业技术人员操作维修；

（2）安装合格的、合适的电气保护设备；

（3）安装电气火灾监控系统，提升隐患排查技术手段。

复习思考题

1. 什么是触电？触电的形式有哪几种？
2. 电击对人体有哪些伤害？
3. 电伤有哪几种情况？
4. 单相触电与两相触电的区别是什么？
5. 决定触电伤害程度的因素有哪些？
6. 人体感知电流是多少？什么是摆脱电流？对人体来讲致命电流是多少？
7. 我国规定交流工频安全电压有哪些值？
8. 触电急救有哪些方法？
9. 心脏胸外按压急救的方法是什么？
10. 心肺复苏的"黄金8分钟"指的是什么意思？

11. 电气设备或装置为什么都要接地？

12. 工作接地的作用有哪些？什么是保护接地？

13. 什么情况需要重复接地？重复接地有哪些作用？

14. 保护接零有什么作用？

15. 漏电保护器的作用是什么？

16. 常用的屏护装置有哪些？

17. 接地装置有哪些？接地体有哪些？

18. 控制线路安装步骤有哪些？

19. 配线原则有哪些？

20. 电工安全操作技术方面有哪些规定？

21. 电工维修人员应具备哪些职业素养？

22. 新标准下，我国交流电路三相线分别采用什么颜色？

23. 安全标志有什么作用，有哪些种类？

24. 人工接地体的埋设方式有哪几种？

25. 小鸟站在电线上为什么不会触电？如果是蛇，情况会怎么样？

26. 静电有哪些危害？消除静电有哪些方法？

27. 检修工作时凡一经合闸就可送电到工作地点的断路器和隔离开关的操作手把上有什么标志？

28. 什么是电气火灾？

29. 电气火灾有哪几种类型？

30. 如何预防电气火灾？

项目二
常用仪表及工具

学习目标

1. 掌握导线规格及代号。
2. 掌握常用工具、电工仪器仪表的使用方法及维护。
3. 熟练掌握基本电工电子仪器仪表和常用工具使用方法。

任务一　导线规格及代号

一、任务描述

导线的种类和型号很多，应根据其截面、使用环境、电压损耗、机械强度等方面的要求进行选用。例如导线的截面应满足安全电流；在潮湿或有腐蚀性气体的场所，可选用塑料绝缘导线，以便提高导线的绝缘水平和抗腐蚀能力；在比较干燥的场所，可采用橡皮绝缘导线；对于经常移动的用电设备宜采用多股软导线等。

二、任务要点

（1）了解常用导线的种类和型号。
（2）掌握导线的选用与型号。
（3）掌握导线的类型与命名。

三、知识链接

1. 导线的选用与型号

铜芯塑料线，型号为 BV，用于交流额定电压 500 V 或直流额定电压 1 000 V 的室内固定敷设线路；铜芯塑料护套线，型号为 BVV，用于交流额定电压 500 V 或直流额定电压 1 000 V 的室内固定敷设线路；铜芯塑料软线，型号为 BVR，用于交流额定电压 500 V 且要求电线比较柔软的敷设线路；双绞型塑料软线，型号为 BVS，用于交流额定电压 250 V，连接小型用电设备的移动或半移动室内敷设线路；橡皮绝缘导线，型号为 BX，用于交流额定电压 250 V 或 500 V 线路，供干燥或潮湿的场所固定敷设；铜芯橡皮软线，型号为 BXR，用于交流额定电压 500 V 线路，供干燥或潮湿的场所连接用电设备的移动部分；铜芯橡皮花线，型号为 BXH，用于交流额定电压 250 V 线路，供干燥的场所连接用电设备的移动部分；铜芯橡皮软线，型号为 BXR，用于交流额定电压 500 V 线路，供干燥或潮湿的场所连接用电设备的移动部分。

2. 导线的类型与命名

常用导线的类型有裸线、电磁线、绝缘电线电缆、通信电缆。常用裸线如图 2-1 所示，有软线和型线两种，软线是由多股铜线或镀锡铜线胶合编织而成，其特点是柔软、耐振动、耐弯曲，只有导体部分，没有绝缘和保护层结构。

常用电磁线如图 2-2 所示，应用于电机、电器及电工仪表中，作为绕组或元件的绝缘导线。常用电磁线分为漆包线和绕包线两类。漆包线的绝缘层是漆膜,广泛用于中小型电动机及微型电动机、干式变压器及其他电工产品。绕包线是用玻璃丝、绝缘纸或合成树脂薄膜紧密绕包在导线芯上形成绝缘层,一般用于大中型电工产品。

图 2-1 常用裸线

图 2-2 常用电磁线

常用绝缘电线电缆如图 2-3 所示,一般由导体、绝缘层和保护层三部分组成,广泛应用于照明和电气控制线路。

图 2-3 常用绝缘电线电缆

常用的绝缘导线有以下几种,其分类与代号见表 2-1。常用的绝缘导线有聚氯乙烯绝缘电线、聚氯乙烯绝缘软线、丁腈聚氯乙烯混合物绝缘软线、橡皮绝缘电线、农用地下直埋铝芯塑料绝缘电线、橡皮绝缘棉纱纺织软线、聚氯乙烯绝缘层龙护套电线、电力和照明用聚氯乙烯绝缘软线等。

表 2-1 常用绝缘导线的分类与代号

	分类	代号		分类	代号		分类	代号
用途	固定布线用电缆	B	材料	绝缘聚氯乙烯	V	结构	编织屏蔽型	P
	连接用软电线	R		护套聚氯乙烯	V		缠绕屏蔽型	P1
	安装用电线	A	结构	圆形	省略		软结构	R
材料	铜导体	省略		扁形(平型)	B	耐热特性	70 ℃	省略
	铝导体	L		双绞型	S		90 ℃	90

常用电线分类代号如图2-4所示。

各代号代表的电线类型如下：A—安装线缆；B—布电线；F—飞机用低压线；R—日用电器用软线；Y——股工业移动电器用线；T—天线。

绝缘：V—聚氯乙烯；F—氟塑料；Y—聚乙烯；X—橡皮；ST—天然丝；B—聚丙烯；SE—双丝包。

护套：V—聚氯乙烯；H—橡套；B—编织套；L—蜡克；N—尼龙；SK—尼龙丝。

派生特征：P—屏蔽；R—软；S—双绞；B—平行；D—带形；T—特种。

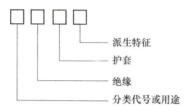

图2-4　常用电线分类代号

射频电缆分类代号如图2-5所示。

各代号代表的电缆类型如下：S—射频同轴电缆；SE—射频对称电缆；ST—特殊射频电缆；SJ—强力射频电缆；SG——高压射频电缆；SZ—延迟射频电缆；SS—电视电缆。

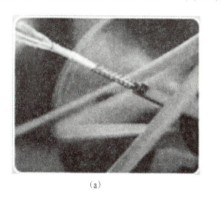
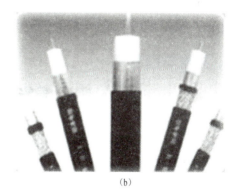

图2-5　射频电缆分类代号
（a）AVV——聚氯乙烯安装电缆；（b）SYV——聚氯乙烯绝缘同轴射频电缆

绝缘：Y—聚乙烯实芯；YE—发泡聚乙烯半空气；YK—纵空聚乙烯半空气；X—橡皮；F—氯塑料实芯；U—氯塑料空气。

护套：V—聚氯乙烯；F—氯塑料；B—玻璃丝编织浸有机硅漆；H—橡套；VZ—阻燃聚氯乙烯；Y—聚乙烯。

派生特征：P—屏蔽；Z—综合式；D—镀铜。

通信电缆是指用于近距离音频通信和远距离的高频载波和数字通信及信号传输的电缆，如图2-6所示。根据通信电缆的用途和适用范围，通信电缆可分为六大系列产品，即市内通信电缆、长途对称电缆、同轴电缆、海底电缆、光纤电缆、射频电缆。

图 2-6　常用通信电缆

四、安排练习

为了更好地完成任务，你需要回答以下问题：

（1）常用的灭弧方法有_____、_____、_____。

（2）低压电器的选用应遵循的基本原则是_____，_____。

（3）低压电器是指工作在交流电压_____，直流电压_____以下的各种电器。

（4）电磁式电器是依据_____原理来工作的电器。

（5）触头主要有_____触头和_____触头两种结构形式。

五、拓展与提高

导线的选择

1. 电缆的规格

规格由额定电压、芯数及标称截面积组成。电线及控制电缆等的额定电压一般为 300/300 V、300/500 V、450/750 V；中低压电力电缆的额定电压一般为 0.6/1 kV、1.8/3 kV、3.6/6 kV、6/6（10）kV、8.7/10（15）kV、12/20 kV、18/20（30）kV、21/35 kV、26/35 kV 等。

电线电缆的芯数根据实际需要来定，一般电力电缆主要有 1、2、3、4、5 芯，电线主要也是 1～5 芯，控制电缆有 1～61 芯。

标称截面积是指导体横截面积的近似值，是为了达到规定的直流电阻，方便记忆并且统一而规定的一个导体横截面积附近的一个整数值。我国统一规定的导体横截面积有 0.5 mm^2、0.75 mm^2、1、1.5 mm^2、2.5 mm^2、4、6 mm^2、10 mm^2、16 mm^2、25 mm^2、35 mm^2、50 mm^2、70 mm^2、95 mm^2、120 mm^2、150 mm^2、185 mm^2、240 mm^2、300 mm^2、400 mm^2、500 mm^2、630 mm^2、800 mm^2、1 000 mm^2、1 200 mm^2 等。这里要强调的是，导体的标称截面积不是导体的实际横截面积，导体实际的横截面积大多比标称截面积小，有几个比标称截面积大。在实际生产过程中，只要导体的直流电阻能达到规定的要求，就可以说这根电缆的横截面积是达标的。

2. 举例说明

举例说明电缆的规格，如 VV-0.6/1 3×150 ＋ 1×70 GB/T 12706.2—2002 表示铜芯聚氯乙烯绝缘聚氯乙烯护套电力电缆，额定电压为 0.6/1 kV，3+1 芯，主线芯的标称截面积为 150 mm^2，第四芯截面积为 70 mm^2。

任务二 常用电工工具

一、任务描述

电工工具是电气操作的基本工具，电工必须掌握常用工具的结构、性能和正确的使用方法。常用的电工工具包括验电笔、电工刀、螺丝刀、钢丝钳、尖嘴钳、斜口钳、剥线钳、扳手、电烙铁等。

二、任务要点

（1）了解常用电工工具的种类和型号。
（2）掌握常用电工工具的结构、性能和正确的使用方法。
（3）掌握电工工具的使用注意事项。

三、知识链接

（一）验电器

1. 低压验电器

验电器也称验电笔，俗称电笔，如图 2-7 所示，它是用来检测导线、电器和电气设备的金属外壳是否带电的一种电工工具。

根据外形来分，验电笔可分为钢笔式和螺丝刀式两种；根据测量电压高低来分，可分为低压验电器和高压验电器。低压验电器的测量范围为 50～250 V。

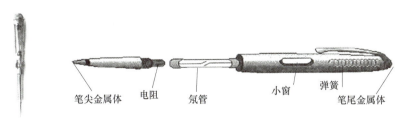

图 2-7 验电笔的结构

验电笔是检查导线和电气设备是否带电的常用工具。使用时，必须手指触及笔尾的金属部分，并使氖管小窗背光且朝自己，以便观测氖管的亮暗程度，防止因光线太强造成误判，其握法如图2-8所示。

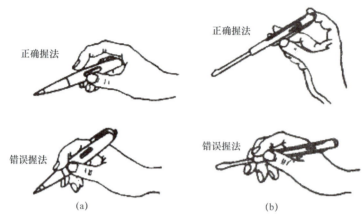

图 2-8 验电笔的握法

（a）钢笔式；（b）螺丝刀式

当用验电笔测试带电体时，电流经带电体、验电笔、人体及大地形成通电回路，只要带电体与大地之间的电位差超过 60 V，电笔中的氖管就会发光。

2．注意事项

使用前，必须在有电源处对验电笔进行测试，以证明该验电笔确实良好，绝对不能接触验电笔的笔尖金属体，以免发生触电；在明亮的光线下使用验电笔测量带电体时，应注意避光，以免因光线太强而不易观察氖管是否发光，造成误判。

验电时，应使验电笔逐渐靠近被测物体直至氖管发亮，不可直接接触被测体。手指必须触及笔尾金属体，否则带电体也会被误判为非带电体。验电时，要防止手指触及笔尖的金属部分，以免造成触电事故，验电笔的正确测量方法如图2-9所示。

使用完毕后，要保持验电笔清洁，并放置在干燥处，严防碰摔。

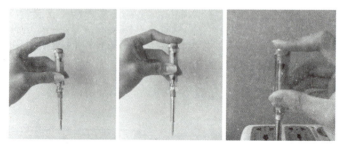

图 2-9 验电笔的正确测量方法

3．验电笔的其他用途

验电笔可用来判断直流是否接地。在对地绝缘的直流系统中，可站在地上用验电笔接触直流系统中的正极或负极，如果验电笔氖管不亮，则没有接地现象。如果氖管发亮，则说明有接地现象，其发亮如在笔尖端，则说明为正极接地。如发亮在手指端，则说明为负极接地。但是必须指出的是，在带有接地监察继电器的直流系统中，不可采用此方法判断直流系统是否接地。

验电笔可以用来判别交流电和直流电。在用验电笔进行测试时，如果验电笔氖管中的两个极都发光，则是交流电；如果两个极中只有一个极发光，则是直流电。

验电笔用于判别电压的高低。普通低压验电笔的电压测量范围为 60～500 V。有经验的电工可根据经常使用的验电笔氖管发光的强弱来估测电压的大致数值，氖管越亮，说明电压越高。

验电笔可以区分交流电同相或者异相。验电笔可以检查相线是否碰壳。用验电笔接触电气设备的壳体，若氖管发光，则因相线碰壳而漏电的现象。

4. 数字感应验电笔

数字感应验电笔是近年来出现的一种新型电工工具，如图 2-10 所示。它通过在绝缘皮外侧利用电磁感应探测，并将探测到的信号放大后利用 LCD 显示来判断物体是否带电。其具有安全、方便、快捷等优点。

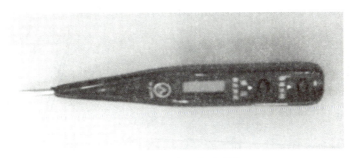

图 2-10　数字感应验电笔

1）按钮说明

A 键直接测量，按键离液晶屏较远，也就是用电笔金属前端（俗称批头）直接去接触线路时，请按此键；B 键感应测量，按键离液晶屏较近，也就是用批头感应接触线路时，请按此键。不管电笔上如何印字，请认明离液晶屏较远的为直接测量键；离液晶屏较近的为感应键即可，数显感应验电笔适用于直接检测 12～250 V 的交直流电和间接检测交流电的零线、相线和断点，还可测量不带电导体的通断。

2）数字感应验电笔的使用

间接测量：按住 B 键，将批头靠近电源线，如果电源线带电，则数显电笔的显示器上将显示高压符号。数字感应验电笔可用于隔着绝缘层分辨零/相线、确定电路断点位置。

直接测量：按住 A 键，将批头接触带电体，数显电笔的显示器上将分段显示电压，最后显示数字为所测电路电压等级。数字感应验电笔的测试方法如图 2-11 所示。

图 2-11 数字感应验电笔的测试方法

5. 高压验电器

高压验电器如图 2-12 所示，操作时必须戴上符合要求的绝缘手套，手握部位不得超过护环；测试时必须有人在旁监护，操作时以防发生相间或对地短路事故；与带电体保持足够的安全间距，10 kV 高压的安全距离应大于 0.7 m；室外操作时，必须天气良好，在雨、雪、雾及湿度较大的天气不宜进行操作，以免发生危险。

图 2-12 高压验电器

（二）电工刀

电工刀是切割和剥削电工材料的专用工具，如图 2-13 所示，主要用于切削导线的绝缘层、电缆绝缘、木槽板等。有的电工刀上带有锯片和锥子，可用来锯小木片和锥孔。

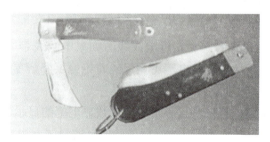

图 2-13 电工刀

在使用电工刀时,注意不得用于带电作业,以免触电;应将刀口朝外剖削,并注意避免伤及手指;剖削导线绝缘层时,应使刀面与导线成较小的锐角,以免割伤导线;使用完毕,随即将刀身折进刀柄。

(三)螺丝刀

螺丝刀是一种用来拧转螺丝钉以迫使其就位的工具,由刀头和握柄组成,如图2-14所示。刀头形状有一字形和十字形两种,分别用于旋动头部为横槽或十字形槽的螺钉。

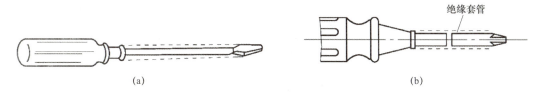

图2-14 螺丝刀
(a)一字形;(b)十字形

使用螺丝刀时,螺丝刀较大时,除大拇指、食指和中指要夹住握柄外,手掌还要顶住握柄的末端以防旋转时滑脱;螺丝刀较小时,用大拇指和中指夹着握柄,同时用食指顶住握柄的末端用力旋动;螺丝刀较长时,用右手压紧握柄并转动,同时左手握住螺丝刀的中间部分,不可放在螺钉周围以免将手划伤。

带电作业时,手不可触及螺丝刀的金属杆,以免发生触电事故;作为电工,不应使用金属杆直通握柄顶部的螺丝刀;为防止金属杆触到人体或邻近带电体,金属杆应套上绝缘管。

(四)钢丝钳

钢丝钳的用途很多,钳口用来弯线或钳夹导线的线头,刀口用来剪断导线、钢丝或导线头绝缘层。在电工作业时,钢丝钳钳口可用来弯绞或钳夹导线线头;齿口可用来紧固或起松螺母;刀口可用来剪切导线或钳削导线绝缘层;铡口可用来铡切导线线芯、钢丝等较硬线材。钢丝钳各用途的使用方法如图2-15所示。

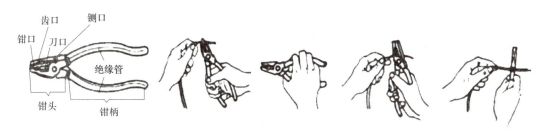

图2-15 钢丝钳各用途的使用方法

使用前,应检查钢丝钳绝缘是否良好,以免带电作业造成触电事故。在带电剪切导线时,不得用刀口同时剪切不同电位的两根线,如相线与零线、相线与相线等,以免发生短路事故。

（五）尖嘴钳

尖嘴钳因其头部尖细，故适用于在狭小的工作空间操作，如图2-16所示。

尖嘴钳可用来剪断较细小的导线；可用来夹持较小的螺钉、螺帽、垫圈、导线等；也可用来对单股导线整形，如平直、弯曲等。若使用尖嘴钳带电作业，应检查其绝缘是否良好，并在作业时使金属部分不要触及人体或邻近的带电体。

图2-16　尖嘴钳

（六）斜口钳

钳柄有铁柄、管柄和绝缘柄三种。电工用带绝缘柄的斜口钳如图2-17所示。斜口钳主要用于剪断较粗的电线、金属丝及导线电缆。

（七）剥线钳

剥线钳主要用于剥削小直径导线绝缘层，如图2-18所示。使用时，将要剥削的绝缘层长度用标尺定好后，即可把导线放入相应的刃口中，刃口比导线直径稍大，用手将柄握紧，导线的绝缘层即被割破。

图2-17　电工用带绝缘柄的斜口钳　　　　　　图2-18　剥线钳

（八）电烙铁

焊接前，一般要把焊头的氧化层除去，并用焊剂进行上锡处理，使得焊头的前端经常保持一层薄锡，以防止氧化、减少能耗、使导热良好。

电烙铁的握法没有统一的要求，以不易疲劳、操作方便为原则，一般有笔握法和拳握法两种，如图2-19所示。

用电烙铁焊接导线时，必须使用焊料和焊剂。焊料一般为丝状焊锡或纯锡，常见的焊剂有松香、焊膏等。对焊接的基本要求是焊点必须牢固，锡液必须充分渗透，焊点表面光滑有泽，应防止出现"虚焊""夹生焊"。产生"虚焊"的原因是焊件表面未清除干净或焊剂太少，使得焊锡不能充分流动，造成焊件表面挂锡太少，焊件之间未能充分固定；造成"夹生焊"的原因是烙铁温度低或焊接时烙铁停留时间太短，焊锡未能充分熔化。

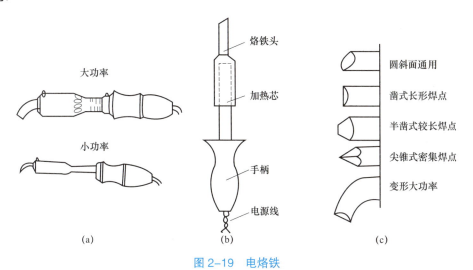

图 2-19　电烙铁
（a）种类；（b）结构；（c）烙铁头

使用前应检查电源线是否良好，有无被烫伤；焊接电子类元件特别是集成块时，应采用防漏电等安全措施；当焊头因氧化而不"吃锡"时，不可硬烧；当焊头上锡较多不便焊接时，不可甩锡，不可敲击；焊接较小元件时，时间不宜过长，以免因热损坏元件或绝缘；焊接完毕，应拔去电源插头，将电烙铁置于金属支架上，防止烫伤或火灾的发生。

四、安排练习

为了更好地完成任务，你需要回答以下问题：

（1）斜口钳钳柄有＿＿＿＿＿＿、＿＿＿＿＿＿和绝缘柄三种。

（2）电烙铁的握法一般有＿＿＿＿＿＿和＿＿＿＿＿＿两种。

（3）螺丝刀由＿＿＿＿＿＿和＿＿＿＿＿＿组成。

（4）电工刀是＿＿＿＿＿＿和＿＿＿＿＿＿电工材料的专用工具。

（5）验电器根据测量电压高低来分类，有＿＿＿＿＿＿和＿＿＿＿＿＿两种。

五、拓展与提高

扳　　手

活络扳手又叫活扳手，是一种旋紧或拧松有角螺钉或螺母的工具。电工常用的扳手有 200 mm、250 mm、300 mm 三种，使用时应根据螺母的大小选配，各类扳手如图 2-20 所示。

使用时，右手握手柄。手越靠后，扳动起来越省力。扳动小螺母时，因需要不断地转动蜗轮调节扳口的大小，所以手应握在靠近呆扳唇处，并用大拇指调制蜗轮，以适应螺母的大小。使用活扳手的扳口夹持螺母时，呆扳唇在上，活扳唇在下。活扳手切不可反过来使用。在扳动生锈的螺母时，可在螺母上滴几滴煤油或机油，这样容易拧动。在拧不动时，切不可采用钢管套在活扳手的手柄上来增加扭力，因为这样极易损伤活扳唇。不得把活扳手当锤子使用。

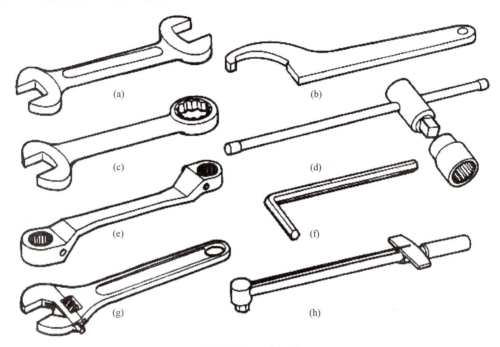

图 2-20　各类扳手

（a）呆扳手；（b）钩形扳手；（c）两用扳手；（d）套筒扳手；
（e）梅花扳手；（f）内六角扳手；（g）活扳手；（h）扭力扳手

农村电工还经常用到开口扳手（亦称呆扳手）。它有单头和双头两种，其开口是和螺钉头、螺母尺寸相适应的，并根据标准尺寸做成一套。整体扳手有正方形、六角形、十二角形（俗称梅花扳手）。其中梅花扳手在农村电工中应用颇广，它只要转过30°就可改变扳动方向，所以在狭窄的地方使用较为方便。套筒扳手由一套尺寸不等的梅花筒组成，使用时用弓形的手柄连续转动，工作效率较高。如果螺钉或螺母的尺寸较大或扳手的工作位置很狭窄，就可用棘轮扳手。这种扳手摆动的角度很小，能拧紧和松开螺钉或螺母。拧紧时顺时针转动手柄。方形的套筒上装有一只撑杆。当手柄向反方向扳回时，撑杆在棘轮齿的斜面中滑出，因而螺钉或螺母不会跟随反转。如果需要松开螺钉或螺母，只需翻转棘轮扳手朝逆时针方向转动即可。内六角扳手用于装拆内六角螺钉，常用于某些机电产品的拆装。测力扳手有一根长的弹性杆，其一端装着手柄，另一端装有方头或六角头，在方头或六角头套装一个可换的套筒用钢珠卡住，在顶端还装有一个长指针。刻度板固定在柄座上，每格刻度值为1 N。当要求一定数值的旋紧力或几个螺母（或螺钉）需要相同的旋紧力时，则用这种测力扳手。六角扳手用于装拆大型六角螺钉或螺母，外线电工可用它装卸铁塔之类的钢架结构。还有梅花扳手，俗称眼睛扳手，用于拆装六角螺母或螺栓，尤其用于拆装位于稍凹处的六角螺母或螺栓时特别方便。

任务三 常用电工仪器仪表

一、任务描述

常用电工仪器仪表主要有电流表、电压表、功率表、电度表、万用表、兆欧表等。电工仪表按其特征不同有许多分类方法，通常按测量方式、工作原理等不同进行分类。电工仪表按其工作原理不同还可分为磁电式仪表、电磁式仪表、电动式仪表、感应式仪表和电子式仪表等。电工仪表按所测电流的种类不同分为直流表、交流表和交直流两用表。施工现场所用的电工仪表绝大部分为交流表。

二、任务要点

（1）了解常用电工仪器仪表的种类和型号。
（2）掌握常用电工仪器仪表的使用方法。
（3）掌握常用电工仪器仪表的使用注意事项。

三、知识链接

（一）万用表

1. 指针式万用表

万用电表是电气工程中常用的便携式多功能、多量程仪表，主要用于测量电路的电流、电压和电阻，简称万用表。其用来测量直流电流、直流电压、交流电压和电阻等，图 2-21 所示为指针式万用表的面板。

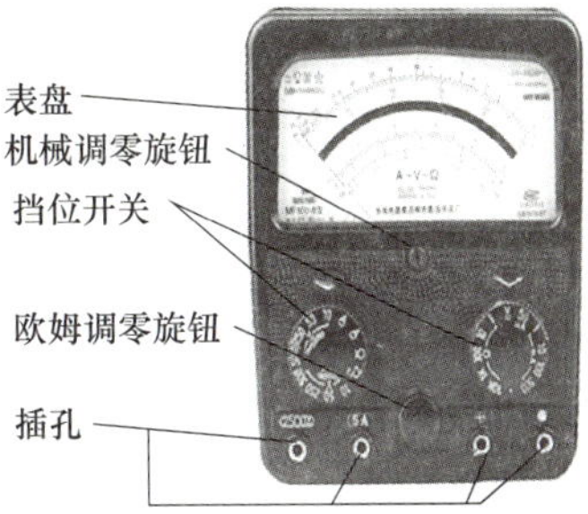

图 2-21 指针式万用表的面板

2. 万用表的使用规则

使用时要根据被测物理量类别正确使用量程选择转换开关，尤其不能误用电阻挡和电流挡测电压。变换同一物理量的量程时，应逐渐从大倍率向小倍率改变，以免损坏仪表；每次使用完毕，应将转换开关切换到高电压挡位上，以防止下一次测量时误操作造成危害；表内电池要及时更换，如果表内电池使用已久，储能不足，电压下降，则将造成大的测量误差。此外，坏电池溢出的化学液对表内器件还有腐蚀作用。

项目二 常用仪表及工具

1）机械调零

万用表只有正确调零后才能保证读数的准确，使用前仔细观察万用表的指针与左边零刻度线是否对齐重合。如果不重合，则需要"机械调零"。在万用表表盘下方中心有一圆形旋钮，可用一字螺丝刀调节，使万用表不使用时指针调至静态零位，这种操作称为机械调零。机械调零分三个步骤，首先将万用表按照规定的位置放置好，然后看指针是否指向左端的零刻度线。若指针没有指向零刻度线，则进行归零调节。

在进行机械调零的操作过程中，有些注意事项是不能忽视的。不要乱调机械调零的螺钉，在调零前先仔细观察清楚，确定要调零时，最多左右调半圈，使表针回零即可。对万用表进行机械调零与欧姆表调零不同，并不是每次使用都要调零。

2）欧姆调零

使用万用表的欧姆挡测电阻之前，应该先把两支表笔接触短接，调整万用表面板上的欧姆调零旋钮，使指针指在 $0\ \Omega$ 处。每转换一次欧姆挡的量程，必须重新进行欧姆调零操作才能进行测量。测电阻时，严禁在被测电路带电的情况下进行测量，否则相当于在欧姆挡内又加了一个电源，这不仅会影响测量结果，还可能损坏表头。

3）直流电流的测量

$R_{A1} \sim R_{A5}$ 是分流器电阻，改变转换开关的位置（图 2-22）就改变了分流器的电阻，从而改变了电流的量程。量程越大，分流器电阻越小。具体测量步骤如下：

（1）首先将万用表水平放置，然后机械调零，插入正、负极表笔并选择直流电流挡及合适的量程。

（2）将万用表两表笔根据电源的正、负极串联于电路中。

（3）根据选择的挡位参数读取数值，测量完毕后将挡位开关调至交流电压最大挡或空挡。

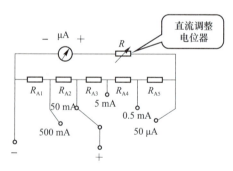

图 2-22 测量直流电流的原理电路

注意事项：

（1）在测量前万用表必须串联到被测电路中。

（2）测量时必须先断开电路再串入万用表，必须注意表笔的正负极性。

（3）严禁在测量过程中转换挡位开关及量程。

4）直流电压的测量

$R_{V1} \sim R_{V3}$ 构成倍压器电阻，改变转换开关的位置（图2-23）就改变了倍压器的电阻，从而改变了电压的量程。量程越大，倍压器电阻越大。

具体测量步骤如下：

（1）首先将万用表水平放置，然后机械调零，插入正、负极表笔并选择合适的电压挡及量程；

（2）将万用表两表笔并联于电路中；

（3）根据选择的挡位参数读取数值，测量完毕后将挡位开关调至交流电压最大挡或空挡。

注意事项：

（1）在测量前必须检查表笔是否插紧，必须将转换开关拨到对应的电压挡及量程。

（2）严禁在测量过程中转换开关及量程，测量直流参数时，必须注意表笔及被测物品的正负极性，以免损坏仪表。

（3）测量时应与带电体保持一定的安全距离，以防发生触电事故。

5）交流电压的测量

磁电式仪表只能测量直流，如果要测量交流，则需加整流元件，如图2-24所示，正半周时，电流流经D_1和部分电流流经微安表流出。负半周时，电流直接流经D_2从"+"端流出。可见，通过微安表的是半波电流，读数应为该电流的平均值。为此，加一交流调整电位器，为600 Ω，用来改变表盘刻度；指示读数被折换为正弦电压有效值。普通万用表只适合测量频率为45～1 000 Hz的电压。

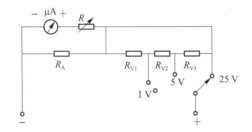

图2-23 测量直流电压的原理电路

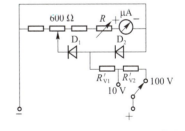

图2-24 测量交流电压的原理电路

6）电阻的测量

测量电阻时，需接入电池，被测电阻越小，电流越大，则指针偏转的角度越大，如图2-25所示。测量前应先将"+""-"两端短接，看指针是否在零位置，否则应调节调零电位器进行校正，图2-25中为1.7 kΩ。绝对不能在带电线路上测量电阻。用毕应将转换开关转到高电压挡。

具体测量步骤如下：

（1）首先将万用表水平放置，然后机械调零。

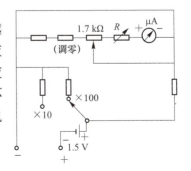

图2-25 测量电阻的原理电路

（2）插入正、负极表笔并选择欧姆挡位及量程 $R×100$，进行欧姆调零。将两表笔短接，调整欧姆调零电位器，使指针指向欧姆零位。

（3）将两表笔接在被测电阻两端，读取数值。

（4）测量完毕后将挡位开关调至交流电压最大挡或空挡。

注意事项：

（1）测量时严禁在被测电路带电的情况下测量电阻。

（2）每转换一次量程都必须重新进行欧姆调零。首先把两表笔直接相碰，然后调整表盘上面的欧姆调零旋钮，使指针正确指在 0 Ω 处。这是因为内接干电池随着使用时间加长，其提供的电源电压会下降，在 $R_x = 0\ Ω$ 时，指针就有可能达不到满偏，此时必须调整，使表头的分流电流降低来达到满偏电流 I_g 的要求。

（3）测量电阻时，应选择适当的倍率挡，使指针尽可能接近标度尺的几何中心即 1/2 或 2/3 处。如果不知道被测值大小，则应先选择 $R×100$ 挡。

（4）测量中不允许用双手同时触及被测电阻两端，以免与人体电阻并联。

（5）在检测热敏电阻时速度要快，因为热敏电阻是负电阻温度系数的元件，即电阻温度上升时，电阻值下降。

（6）测量电阻时如果指针指向"零"位或 接近"零"，则说明挡位选择过大；如果指针指向"无穷大"或接近"无穷大"，则说明挡位选择过小。

（7）万用表的红表笔接表内电池的负极，黑表笔接表内电池的正极。

3. 数字式万用表

数字式万用表面板如图 2-26 所示，其具有测量精度高、显示直观、功能全、可靠性好、小巧轻便以及便于操作等优点。

1）使用方法

测量交、直流电压（ACV、DCV）时，红、黑表笔分别接"VΩ"与"COM"插孔，旋动量程选择开关至合适位置（200 mV、2 V、20 V、200 V、700 V 或 1 000 V），红、黑表笔并接于被测电路（若是直流，注意红表笔接高电位端，否则显示屏左端将显示"—"），此时显示屏显示被测电压数值。若显示屏只显示最高位"1"，则表示溢出，应将量程调高。

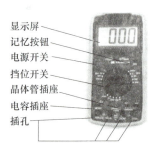

图 2-26 数字式万用表面板

测量交、直流电流（ACA、DCA）时，红、黑表笔分别接"mA"（大于 200 mA 时应接"10 A"）与"COM"插孔，旋动量程选择开关至合适位置（2 mA、20 mA、200 mA 或 10 A），将两表笔串接于被测回路（直流时注意极性），显示屏所显示的数值即为被测电流的大小。

进行二极管和电路通断测试时，红、黑表笔分别插入"VΩ"与"COM"插孔，旋动量程选择开关至二极管测试位置。正向情况下，显示屏即显示出二极管的正向导通电压，单位为 mV（锗管电压范围为 200～300 mV，硅管电压范围为 500～800 mV）；反向情况下，显示屏应显示"1"，表明二极管不导通，否则，表明此二极管反向漏电流大。正向状态下，若显示"000"，则表明二极管短路；若显示"1"，则表明断路。在用来测量线路或器件的通断状态时，若检测的阻值小于 30 Ω，则表内发出蜂鸣声以表示线路或器件处于导通状态。

进行晶体管测量时，旋动量程选择开关至"hFE"或"NPN"或"PNP"位置，将被测三极管依 NPN 型或 PNP 型将 B、C、E 极插入相应的插孔中，显示屏所显示的数值即为被测三极管的"hFE"参数。

进行电容测量时，将被测电容插入电容插座，旋动量程选择开关至"CAP"位置，显示屏所示数值即为被测电荷的电荷量。

2）注意事项

当显示屏出现"LOBAT"或"←"时，表明电池电压不足，应予更换。若测量电流时，没有读数应检查熔丝是否熔断。测量完毕，应关上电源；若长期不用，应将电池取出。不宜在日光及高温、高湿环境下使用与存放万用表，一般工作温度为 0 ~ 40℃，湿度为 80%，使用时应轻拿轻放。

4．检测线路的通断

1）使用蜂鸣挡检测电路的通断

断开电源，保证所测量部位不带电，黑色的表笔插在"COM"孔，红色的表笔插在电压电阻"VΩ"孔，如图 2-27 所示。再把数字万用表的挡位调至蜂鸣挡，用黑色、红色表笔的另一端分别接触被测电路的两端，如果万用表蜂鸣声响，则说明被测线路是通的。如果没有蜂鸣声发出，则说明被测线路是断开的。

2）使用欧姆挡检测电路的通断

断开电源，保证所测量部位不带电，黑色的表笔插在"COM"孔，红色的表笔插在电压电阻"VΩ"孔。将万用表调到 200 Ω 电阻挡，用黑色、红色表笔的另一端分别接触被测电路的两端。如果测量的电阻阻值为 0 Ω 或接近 0 Ω，则说明被测线路是通的；如果测量的阻值为无穷大，则说明被测线路是断开的。

图 2-27 检测线路的连接

（二）钳形表

1．使用方法

用钳形表可直接测量交流电路的电流，如图 2-28 所示。其最基本的用途是测量交流电流，虽然准确度较低，通常为 2.5 级或 5 级，但因在测量时无须切断电路因而使用仍很广泛。如需进行直流电流的测量，则应选用交直流两用钳形表。

图 2-28 钳形表

使用钳形表测量前，应先估计被测电流的大小以合理选择量程。使用钳形表时，被测载流导线应放在钳口内的中心位置，以减小误差；钳口的结合面应保持接触良好，若有明显噪声或表针振动厉害，可将钳口重新开合几次或转动手柄。在测量较大电流后，为减小剩磁对测量结果的影响，应立即测量较小电流并把钳口开合数次。测量较小电流时，为使该数较准确，在条件允许的情况下，可将被测导线多绕几圈后再放进钳口进行测量，此时的实际电流值应为仪表的读数除以导线的圈数。

使用时，将量程选择开关转到合适位置，手持胶木手柄，用食指勾紧铁芯开关，便于打开铁芯。将被测导线从铁芯缺口引入到铁芯中央，然后放松食指，铁芯即自动闭合。被测导线的电流在铁芯中产生交变磁通，表内感应到电流，即可直接读数。在较小空间内，如配电箱等测量时，要防止因钳口的张开而引起相间短路。

2. 注意事项

（1）使用前应检查外观是否良好，绝缘有无破损，手柄是否清洁、干燥。

（2）测量时应戴绝缘手套或干净的线手套，并注意保持安全间距。

（3）测量过程中不得切换挡位。

（4）钳形电流表只能用来测量低压系统的电流，被测线路的电压不能超过钳形表规定的电压。

（5）每次测量只能钳入一根导线。

（6）若不是特别必要，一般不测量裸导线的电流。

（7）测量完毕将量程开关置于最大挡位，以防下次使用时，因疏忽大意而造成仪表的意外损坏。

（三）兆欧表

1. 使用方法

兆欧表又称绝缘摇表，如图 2-29 所示。其主要用于测量电机、电器、配电线路等电气设备的绝缘电阻。兆欧表的电压等级应与被测电气设备的电压等级相适应，不应用电压等级高的兆欧表测量额定电压等级低的电气设备的绝缘电阻，否则易将绝缘击穿。

测量前，首先应切断被测电气设备的电源，并注意充分可靠地放电，然后再进行测量。表的测量引线必须采用绝缘良好的单根导线。两根测量引线应充分分开，并不得与被测设备的其他部位接触。测量前，兆欧表应做开路试验，此时指针应指向∞；还要做短路试验，此时指针应指向 0。采用

图 2-29　兆欧表

手摇发电机的兆欧表，手摇速度由低向高逐渐升高，并保持在 120 r/min 左右，测量过程不得用手接触被测物和引线接线柱，以防触电。测量具有大电容的电气设备（如电力变压器、电力电缆等）的绝缘电阻之后，应防止被测试设备向表倒充电，为此，必须在停止测量前先断开"L"端引线，再降低手摇发电机的转速直至停止。遇有降雨或潮湿

天气，应使用保护环来消除表面漏电。测量绝缘电阻后，应将被测物充分放电。兆欧表的操作方法如图 2-30 所示。

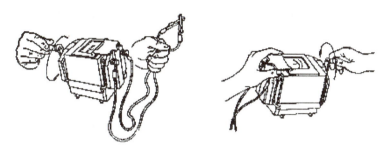

图 2-30　兆欧表的操作方法

2. 注意事项

（1）仪表与被测物间的连接导线应采用绝缘良好的多股铜芯软线，而不能用双股绝缘线或绞线，且连接线间不得绞在一起，以免造成测量数据不准。

（2）手摇发电机要保持匀速，不可忽快忽慢地使指针不停地摆动。

（3）测量过程中，若发现指针为零，则说明被测物的绝缘层可能被击穿短路，此时应停止摇动手柄。

（4）测量具有大电容的设备时，读数后不得立即停止摇动手柄，否则已充电的电容将对兆欧表放电，有可能烧坏仪表。

（5）温度、湿度、被测物的有关状况等对绝缘电阻的影响较大，为便于分析比较，记录数据时应反映上述情况。

（四）功率表

功率表是用以测量电路功率的电工仪表，功率表又称瓦特表，如图 2-31 所示。大部分功率表属于电动式仪表。电动式仪表不仅具有准确度高，交、直流两用的优点，还可以做成测量频率、相位、电流、电压等参量的仪表。功率表的额定电压、额定电流及功率满标值必须与被测电路相适应，以保证测量的可靠性。功率表的电压线圈必须与被测电路并联，电流线圈则必须与被测电路串联。同时，它们的同极性端通常标以"*"，必须用导体连接在一起，如果极性接反，表头指针将反偏，不仅无法测量，而且也易损坏指针。在交流电路里，功率表有单相、三相，有功、无功之分，分别用作测量单相、三相电路的有功功率和无功功率。

图 2-31　功率表

（五）电度表

交流电度表是专门用以计量被测交流电路电能量的电工仪表，如图 2-32 所示。交流电度表按相数可分为单相与三相两种；按测量对象又分为有功电度表与无功电度表，无功电度表通常制造成三相的形式。单相有功电度表接线中，其相线和零线不能对调。对调后容易造成人身触电事故，并且也易漏计电能。有功电度表接线中，应按正相序，

项目二　常用仪表及工具

即 A、B、C 接线，当相序接错时，虽然电度表盘不反转，但由于表的结构及检验方法等原因，将产生附加误差。零线一定要接入表，如果零线不接入表，则会产生中性点位移而引起较大的误差，零线与三个相线不能搞错，否则，除造成计量差错外，电度表的电压线圈还可能由于承受线电压而被烧毁。

（六）电流表

电流表又称安培表，如图 2-33 所示。电流表是指用来测量交、直流电路中电流的仪表，用于测量直流电流、交流电流的机械式指示电流表，电流表的符号为"A"，电流表分为交流电流表和直流电流表。交流电流表不能测直流电流，直流电流表也不能测交流电流，如果用错则会把表烧坏。

图 2-32　交流电度表

图 2-33　电流表

根据功能及结构分类，电流表主要有直流电流表、交流电流表和钳形电流表三种。直流电流表主要采用磁电式测量机构，是利用载流线圈与永久磁铁的磁场相互作用而使可动部分偏转的电表。它一般可直接测量微安或毫安级电流。若要测更大电流，则必须并联电阻器，又称分流器。用环形分流器可制成多量程电流表。交流电流表主要采用电磁式、电动式、整流式三种测量机构。电磁式电流表是利用载流线圈的磁场，使可动软磁铁片磁化而受力偏转的电流表。电动式电流表是利用固定线圈的磁场，使可动载流线圈受力而偏转的电流表。整流式电流表是由包含整流元件的测量变换电路与磁电式电流表组合成的电流表。电磁式和电动式电流表的最小量程为几十毫安，为扩大量程要加电流互感器。仅当交流电流为正弦形时，整流式电流表的读数才正确。为扩大量程可利用分流器，电力系统中使用较多的是 5 A 或 1 A 的电磁式电流表，配以适当的电流互感器。钳形电流表是由测量钳和电流表组成的，用以在不切断电路的情况下测量导线中流过的电流。测量钳是铁芯可以开合的电流互感器，而其电流表可采用电磁式或整流式电流表。

（七）电压表

电压表是测量电压的一种仪器，常用电压表的符号为"V"，如图 2-34 所示。其中，直流电压表的符号要在 V

图 2-34　电压表

下加一个"—",交流电压表的符号要在 V 下加一个波浪线。传统的指针式电压表包括一个灵敏电流计,在灵敏电流计里面有一个永磁体,在电流计的两个接线柱之间串联一个由导线构成的线圈,线圈放置在永磁体的磁场中,并通过传动装置与表的指针相连。大部分电压表都分为两个量程。电压表有三个接线柱,一个负接线柱,两个正接线柱,电压表的正极与电路的正极连接,负极与电路的负极连接。

用于测量直流电压、交流电压的机械式指示电表分为直流电压表和交流电压表,直流类型主要采用磁电式电压表和静电式电压表的测量机构。磁电式电压表由小量程的磁电式电流表与串联电阻器(又称分压器)组成,最低量程为十几毫伏。为了扩大电压表量程,可以增大分压器的电阻值。折叠交流类型主要采用整流式电压表、电磁式电压表、电动式电压表和静电式电压表的测量机构。除静电式电压表外,其他电压表都是用小量程电流表与分压器串联而成,也可用几个电阻组成的分压器与测量机构串联而形成多量程电压表。这些形式的交流电压表难于制成低量程的,最低量程在几伏到几十伏之间,而最高量程则为 1～2 kV。静电式电压表的最低量程约为 30 V,而最高量程则可达很高。电力系统中用的高压电压表是由电压额定量程为 100 V 的电磁式电压表,结合适当电压变比的电压互感器组成的。

四、安排练习

为了更好地完成任务,你需要回答以下问题:

(1) 交流电度表按测量对象,又分为_____表与_____表。

(2) 电工仪表按所测电流的种类不同分为_____、_____和交直流两用表。

(3) 万用表主要用于测量电路的_____、_____和电阻。

(4) 兆欧表测量时引线必须采用_____的单根导线。

(5) 功率表是用以测量_____的电工仪表,又称_____表。

五、拓展与提高

接地电阻测定仪

接地电阻测定仪又称接地摇表,主要用于测量电气系统、避雷系统等接地装置的接地电阻和土壤电阻率。接地电阻测定仪如图 2-35 所示,测量方法如下:

(1) 将仪表水平放置,对指针机械调零,使其指在标度尺红线上。

(2) 将量程选择开关置于最大量程位置,缓慢摇动发电机摇柄,同时调整"测量标度盘"使检流计指针始终指在红线上,这时,仪表内部电路工作在平衡状态。当指针接近红线时,加快发电机摇柄转速,使其达到额定转速 120 r/min,再次调节"测量标度盘"使指针稳定在红线上,所测接地电阻值即为"测量标度盘"读数 R_p 乘以倍率标度。若"测量标度盘"读数小于 1,则应将量程选择开关置于较小一挡,重新测量。

(3) 可用 ZC-8 型接地电阻测定仪测量导体电阻:先用导线将 P1、C1 接线桩短接,再将被测导体接于 E 或 P2、C2 短接的公共点与 P1 之间，其余步骤与测量接地电阻相同。

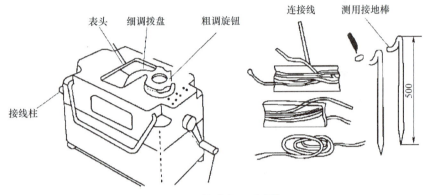

图 2-35　接地电阻测定仪

复习思考题

1. 简述用数字式万用表测量直流电压的步骤。
2. 使用万用表时如何正确选择量程？
3. 兆欧表使用前应对表本身进行哪些检查？
4. 怎样正确使用钳形电流表测量负载电流？
5. 万用表一般由哪几部分组成？各部分的作用是什么？
6. 使用万用表应注意什么？
7. 为什么在钳形表测量过程中不允许切换量程挡？
8. 按照仪表工作电流的种类，电工仪表可分成哪两个基本形式？
9. 简述用数字式万用表测量直流电压的步骤。
10. 导线型号的第一个代号"R"表示什么？导线型号的第二个代号"V"表示什么？
11. 用兆欧表测量绝缘电阻时，为什么规定摇测时间为 1 min？
12. 使用电工刀时有哪些注意事项？
13. 为什么测量电阻时必须将被测回路的电源切断方可进行？
14. 简述交流电度表分类。
15. 简述瓦特表的用途。
16. 在 500 型万用表中，交流电压 10 V 挡为什么要专用一根标度尺？
17. 简述绝缘摇表的使用方法。
18. 数字式万用表有哪些优点？
19. 使用电度表应注意什么？
20. 测量一个电阻，选用 $R \times 100$ 挡，指针指在 24 处，被测电阻值为多少欧？
21. 当万用表内的 1.5 V 电池电力不足时，首先无法使用的电阻挡是哪个挡？
22. 怎样正确使用接地电阻测量仪？

23．直流电流表通常采用什么来扩大量程？

24．直入式单相电度表的接线有哪两种？

25．一块 200/5 的电流表，若误配用 100/5 的电流互感器，当被测电流为 100 A 时，电流表的指示为 200 A，电流表中实际流过的电流为多少安？

26．电压表扩大量程通常采用哪些方法？

27．测量电流时怎样选择合适的电流挡位？

28．有一块磁电式电流表，其量程为 200 mA，内阻为 48 Ω。现欲把其量程扩展为 5 A，需并联多大的电阻？

29．若电压表量程需扩大 m 倍，则要串联的分压电阻是多少？

30．直流电流表通常按平均值来刻度，交流电流表通常按什么来刻度？

项目三
照 明 电 路

学习目标

1. 认识照明电路用的低压断路器、熔断器等常用元件。
2. 掌握常用照明灯具、开关及插座的安装方法和步骤。
3. 掌握一灯一控原理及接线方法。
4. 掌握一灯两控原理及接线方法。
5. 掌握日光灯原理及接线方法。

任务一　单相照明电路及安装

一、任务描述

照明电路是人们日常生活中最常用的电路,它区别于动力线路。家庭中常用的照明电路有一灯一控电路、一灯两控综合电路,最常用的是日光灯照明电路。

二、任务要点

(1) 掌握一灯一控照明电路的电气原理。
(2) 熟悉熔断器、开关、白炽灯及灯座等元器件。
(3) 掌握一灯两控照明电路的电气原理。
(4) 能够叙述日光灯的工作原理,并完成接线。

三、知识链接

单相照明电路有很多类型,本节主要学习一灯一控电路、一灯两控(多地)电路、日光灯电路。

(一)一灯一控照明电路

如图3-1所示,电路由熔断器FU、开关SA、白炽灯EL及若干导线组成。接通电源,合上白炽灯控制开关SA,整个线路通电,白炽灯EL亮(发光);断开开关SA,线路断电,白炽灯EL不亮。开关应串接在通往灯头的相线上,即白炽灯必须通过开关与相线相连。

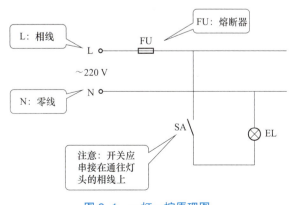

图3-1　一灯一控原理图

项目三 照明电路

1. 认识元器件

1）熔断器

熔断器在电路中起短路保护的作用。如图3-2所示，熔断器是电流超过规定值一段时间后，以其自身产生的热量使熔体熔化，从而使电路断开的一种电流保护器。熔断器广泛应用于高低压配电系统和控制系统以及用电设备中，作为短路和过电流的保护器，熔断器是应用最普遍的保护器件之一。

熔断器主要由熔体和熔管以及外加填料等部分组成。使用时，将熔断器串联于被保护电路中，当被保护电路的电流超过规定值，并经过一定时间后，由熔体自身产生的热量熔断熔体，从而使电路断开起到保护的作用。以金属导体作为熔体而分断电路的电器串联于电路中，当过载或短路电流通过熔体时，熔体自身将发热而熔断，从而对电力系统、各种电工设备以及家用电器都起到了一定的保护作用。熔断器具有反时延特性，当过载电流小时熔断时间长；过载电流大时熔断时间短。因此，在一定过载电流范围内至电流恢复正常，熔断器不会熔断，可以继续使用。熔断器主要由熔体、外壳和支座三部分组成，其中熔体是控制熔断特性的关键元件，用符号FU表示。

图3-2 熔断器及符号
(a) 熔断器；(b) 熔体；(c) 符号

2）单控开关

开关是接通或断开电源的器件，照明电路的开关一般称为灯开关，如图3-3所示。

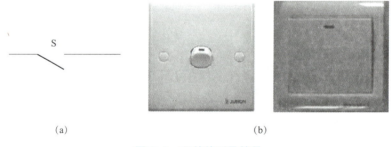

图3-3 开关外形及符号
(a) 符号；(b) 外形结构

室内照明开关一般安装于门边便于操作的位置，拉线开关一般离地2～3 m，跷板暗装开关一般离地1.3 m，与门框距离一般为150～200 mm。

3）照明灯具

白炽灯是第一代电光源，主要工作部分是灯丝，由电阻率较高的钨丝制成。为了防止灯丝断裂，灯丝大多绕成螺旋圈式。40 W 以下的白炽灯内部抽成真空；40 W 以上的白炽灯在内部抽成真空后充有少量氩气或氮气等气体，以减少钨丝挥发，延长灯丝寿命。白炽灯通电后，灯丝在高电阻作用下迅速发热发红，直到白炽程度而发光，白炽灯由此得名。由于白炽灯的光线比较柔和，所以它是较为常见的照明光源之一。但白炽灯的发光效率较低，一般用于室内照明或局部照明。白炽灯按其出线端可分为螺旋式和插口式两种，如图 3-4 所示。

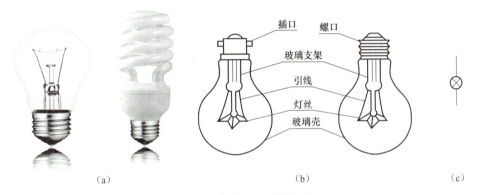

图 3-4　白炽灯结构及符号
（a）外形；（b）插口式和螺旋式结构；（c）图形符号

灯座是用于固定灯泡和连接电源的部件。按与灯泡的连接方式，灯座分为螺旋式和插口式两种，这是灯座的主要特征分类，如图 3-5 所示。

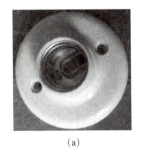 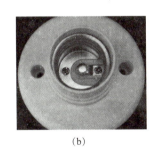 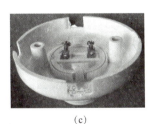

（a）　　　　　　　　　　（b）　　　　　　　　　　（c）

图 3-5　灯座
（a）螺旋式；（b）插口式；（c）接线柱

2．一灯一控接线图

一灯一控接线图如图 3-6 所示。

元器件定位及线路安装注意事项如下：

（1）所有元器件在安装前必须进行质量检测。

（2）按电路原理图进行线路的连接，在接线过程中按要求照图配线。

（3）在不通电情况下检验组件质量，若有损坏立即报告指导教师。
（4）元器件安装要求做到：组件安装牢固、不松动，排列整齐、均匀、合理。
（5）电气组件紧固程度要适当，受力应均匀，以免损坏组件。
（6）通电检验前，应检查熔体规格及整定值是否符合原理图要求。

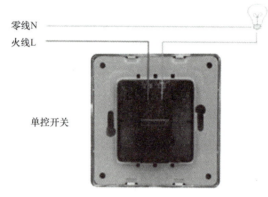

图 3-6 一灯一控接线图

（二）一灯两控综合照明电路

在照明线路中，同一个线路中既有照明控制又有插座的控制方式称为综合照明线路。本综合照明线路由二控一照明线路与单相插座安装组成。照明线路中，在两个不同位置分别安装开关，可以控制同一盏灯的控制方式称为一灯两控照明线路。一灯两控线路一般用于楼梯上下、进门和床头等，使人们在上下楼梯时，进门和休息时，都能开启或关闭电灯，这样既方便使用又节约电能。一灯两控综合照明电路由熔断器、三孔插座、双控开关及照明灯具组成，其原理如图 3-7 所示。

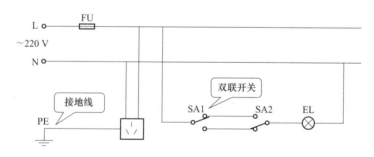

图 3-7 一灯两控综合照明原理图

该线路由熔断器 FU、双联开关 SA1 和 SA2、白炽灯 EL、单相三孔插座及若干连接导线组成。其中，PE 为接地线，L 为相线，N 为零线。三孔插座的左侧接零线，右侧接相线，中间接接地线。当接通电源，合上双联开关 SA1 或 SA2 时，整个线路通电，白炽灯 EL 亮（发光）；断开双联开关 SA1 或 SA2，线路断电，白炽灯 EL 不亮，这样就可以实现两地控制一盏灯的开与关。

任务一　单相照明电路及安装

1. 认识元件

1）两孔、三孔及五孔插座

两孔插座也叫两线插座，与进户线连接，左边接零线，右边接火线。三孔插座也叫三线插座，多了一根地线，分别为左零线（蓝）、右火线（红）、中地线（黄绿相间）。一个两孔和一个三孔组成的电源插座称为五孔插座。带开关的五孔插座是家庭照明电路中常用的插座。很多单相家用电器都是三线插头的，与三孔插座对应，如图3-8所示。

两孔插座接线原则：左零右火。

三孔插座接线原则：左零右火上接地。

（a）　　　　　　　　　　（b）　　　　　　　　　　（c）

图3-8　插座及插头

（a）带开关的五孔插座；（b）三线插头；（c）三孔插座

安装插座时应注意以下几点：

（1）不同电压的插座应有明显的差别，不得互相代替。

（2）凡是携带式或移动式电器用的插座，单相应用三孔插座，三相应用四孔插座，其接地孔应与接地线或零线接牢。

（3）明装插座距地面不低于1.3 m，暗装插座距地面不低于30 cm，儿童活动场所的插座应使用安全插座，或高度不低于1.8 m。

2）双控开关

每只双控开关由一个动触点和两个静触点组成，分别为L、L1、L2，实物如图3-9所示。接线时，两只双控开关的静触点两两相连，其中一只双控开关的动触点与火线相连，另一只双控开关的动触点与灯座相连。其接线原理如图3-10所示。

图3-9　双控开关实物图

项目三 照明电路

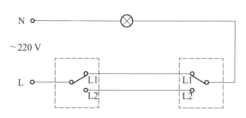

图 3-10 双控开关的接线原理

需要注意的是开关必须接在火线上。

2. 实物接线图

实物接线图如图 3-11 所示。检查正常后，接通电源：

（1）合上开关 SA1，灯亮；断开开关 SA1，灯灭。
（2）合上开关 SA2，灯亮；断开开关 SA2，灯灭。
（3）合上开关 SA1，灯亮；断开开关 SA2，灯灭。
（4）合上开关 SA2，灯亮；断开开关 SA1，灯灭。

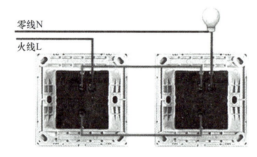

图 3-11 实物接线图

3. 五孔插座接线图

开关控制五孔插座接线图如图 3-12 所示，带五孔插座的开关控制一盏灯的接线图如图 3-13 所示。

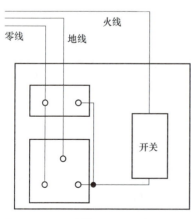

图 3-12 开关控制五孔插座接线图

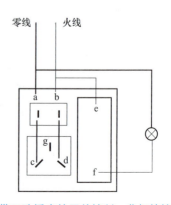

图 3-13 带五孔插座的开关控制一盏灯的接线图

（三）日光灯原理与安装

日光灯也称荧光灯，是应用较为普遍的一种照明灯具。日光灯照明线路广泛应用于家居、办公室、会议和商店等场所，本项目通过日光灯综合照明线路的安装与排故，学习日光灯的综合照明线路及安装等相关知识与技能。

1. 日光灯原理

日光灯照明线路主要由灯管、启辉器、镇流器等组成。日光灯的发光效率比白炽灯高很多，使用寿命也比白炽灯长。

灯管工作原理：灯管内水银蒸气导电，发出紫外线，使管壁上荧光粉发出白光，要激发水银蒸气导电需要很高的电压，日光灯正常工作时又需要比 220 V 低很多的电压。日光灯灯管发光原理如图 3-14 所示。

为满足这些要求设置了镇流器和启辉器，启辉器的作用是开关闭合后把连接灯管两端灯丝的电路接通，电路接通后经过一小段时间又使电路自动断开。镇流器是绕在铁芯上的线圈，自感系数很大；启辉器由封在玻璃泡中的静触片和 U 形动触片组成，玻璃泡中充有氖气，其结构如图 3-15 所示。两个触片间加上一定的电压时，氖气导电、发光、发热。动触片是用黏合在一起的双层金属片制成的，受热后两层金属膨胀不同，动触片稍稍伸开一些和静触片接触。

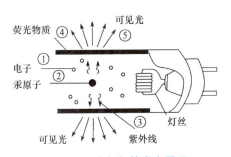
图 3-14　日光灯灯管发光原理

图 3-15　启辉器结构

启辉器不再发光，这时双金属片冷却，动触片形状复原，两个触点重新分开。镇流器在启辉器把电路突然中断的瞬间，由于自感现象而产生一个瞬时高压加在灯管上，满足激发水银蒸气导电需要高压的要求，使日光灯管成为通路开始发光。日光灯正常工作时，交流电不断通过镇流器和灯管（不经过启辉器），由于自感现象，镇流器的线圈中产生自感电动势阻碍电流变化起到降压作用，灯管两端电压比 220 V 低很多，但已能满足灯管正常工作要求。

闭合开关后，电压通过日光灯的灯丝加在启辉器的两端，启辉器如上所述发热，触点接触；冷却，触点断开。在触点断开的瞬间，镇流器中的电流急剧减小，产生很高的感应电动势。感应电动势和电源电压叠加起来加在灯管两端的灯丝上，把灯管点燃。启辉器中常有一个电容器并联在氖泡的两端，它能使两个触片在分离时不产生火花，以免烧坏触点，同时还能减轻对附近无线电设备的干扰。没有电容器时启辉器也能工作，日

项目三　照明电路

光灯工作原理如图 3-16 所示。

2. 日光灯的安装

安装日光灯，首先要对照电路图连接线路、组装灯具，然后在建筑物上固定灯具，并与室内的主线接通。安装前应检查灯管、镇流器、启辉器等有无损坏，是否互相配套，然后按下列步骤安装：

（1）准备灯架。根据日光灯管长度的要求，购置或制作与之配套的灯架。

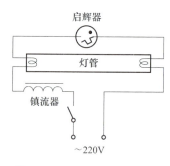

图 3-16　日光灯工作原理

（2）组装灯架。首先对分散控制的日光灯，将镇流器安装在灯架的中间位置，对集中控制的几盏日光灯，几只镇流器应集中安装在控制点的一块配电板上。然后将启辉器座安装在灯架的一端，两个灯座分别固定在灯架两端，中间距离要按所用灯管长度量好，使灯管两端灯脚既能插进灯座插孔，又能有较紧的配合。各配件位置固定后，按电路图进行连线，只有灯座才是边接线边固定在灯架上又能有较紧地配边固定在灯架上。接线完毕，要对照电路图详细检查，以免接错、接漏。

（3）固定灯架。固定灯架的方式有吸顶式和悬吊式两种。悬吊式又分金属链条悬吊和钢管悬吊两种。安装前首先在设计的固定点打孔预埋合适的紧固件，然后将灯架固定在紧固件上，其安装方式如图 3-17 所示。

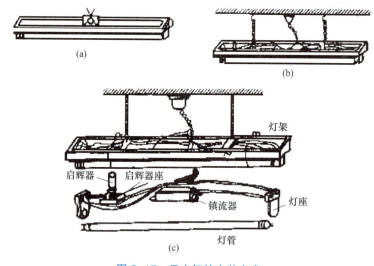

图 3-17　日光灯的安装方式
（a）吸顶式；（b）悬吊式；（c）悬吊式的结构

3. 日光灯照明线路常见故障及检修方法

日光灯照明线路常见故障及检修方法见表 3-1。

表 3-1　日光灯照明线路常见故障及检修方法

故障现象	产生原因	检修方法
日光灯不能发光	1. 灯座或启辉器底座接触不良； 2. 灯管漏气或灯丝断； 3. 镇流器线圈断路； 4. 电源电压过低； 5. 新装日光灯接线错误	1. 转动灯管，使灯管四极和灯座接触，转动启辉器使启辉器两极与底座两铜片接触，找出原因并修复； 2. 用万用表检查或观察荧光粉是否变色变坏，可换新灯管； 3. 修理或调换镇流器； 4. 检查线路
灯光抖动或两头发光	1. 接线错误或灯座灯脚松动； 2. 启辉器氖泡内动、静触片不能分开或电容器击穿； 3. 镇流器配用规格不合格或接头松动； 4. 灯管陈旧，灯丝上的电子发射将尽，放电作用降低； 5. 电源电压过低或线路电压降得过大； 6. 气温过低	1. 检查线路或修理灯座； 2. 将启辉器取下，用两把旋具的金属头分别触及启辉器底座两块铜片，然后将两根金属杆相碰并立即分开，如果灯管能跳亮，则说明启辉器损坏，应更换启辉器； 3. 调换镇流器或加固接头； 4. 调换灯管； 5. 如有条件，升高电压或加粗导线； 6. 用热毛巾对灯管进行加热
灯管两端发黑或生黑斑	1. 灯管陈旧，寿命将终； 2. 如果灯管是新的，可能因为启辉器损坏，使灯丝发射物质加速挥发； 3. 灯管内汞凝结； 4. 电源电压太高或镇流器配用不当	1. 调换灯管； 2. 调换启辉器； 3. 灯管工作后即能蒸发或将灯管旋转180°； 4. 调整电源电压或调换镇流器
灯光闪烁或灯光在管内滚动	1. 新灯管暂时现象； 2. 灯管质量不好； 3. 镇流器配用规格不符或接线松动； 4. 启辉器损坏或接触不好	1. 开关几次或对调灯管两端； 2. 换一根灯管，试一试有无闪烁； 3. 调换镇流器或加固接头； 4. 调换启辉器或加固启辉器
灯管光度降低或色彩转差	1. 灯管陈旧； 2. 灯管上积垢太多； 3. 电源电压太低或线路电压降得太大； 4. 气温太低或有冷风直吹灯管	1. 调换灯管； 2. 清除灯管积垢； 3. 调整电压或加粗导线； 4. 加防护罩或避开冷风
灯管寿命短或发光后立即熄灭	1. 镇流器配用规格不当，或质量较差或镇流器内部线圈短路，致使灯管电压过高； 2. 受到剧振，使灯丝振断； 3. 新装灯管因接线错误将灯管烧坏	1. 调换或修理镇流器； 2. 调换安装位置或更换灯管； 3. 检修线路
镇流器有噪声或电磁声	1. 镇流器质量较差或其铁芯的硅钢片未夹紧； 2. 镇流器过载或其内部短路； 3. 镇流器受热过度； 4. 电源电压过高引起镇流器发出声音； 5. 启辉器不好，开启有噪声； 6. 镇流器有微弱声，但影响不大	1. 调换镇流器； 2. 调换镇流器； 3. 检查受热原因； 4. 如有条件设法降压； 5. 调换启辉器； 6. 可用橡胶垫衬垫之，以减少振动

四、安排练习

为了更好地完成任务,你需要回答以下问题:

在日光灯工作原理中,简述其原理并完成以下问题:

(1)开关合上前,启辉器的静触片和动触片是_____(填"接通的"或"断开的");

(2)开关刚合上时,220 V 交流电压加在_____之间,使氖泡发出辉光;

(3)日光灯启动瞬间,灯管两端的电压_____220 V(填"高于""等于"或"小于");

(4)日光灯正常发光时,启辉器的静触片和动触片_____(填"接通"或"断开"),镇流器起着_____的作用,保证日光灯正常工作;

(5)启辉器中的电容器能_____,没有电容器,启辉器也能工作。

五、拓展与提高

常用电光源

照明光源一般分为热辐射型电光源、气体放电型电光源和其他电光源三类。在这三类电光源中,各种电光源的发光效率有较大差别。在实际应用中,可根据具体情况选择各种光源。

1. 热辐射型电光源

热辐射型电光源是以热辐射作为光辐射原理的电光源,包括白炽灯和卤钨灯,它们都是以钨丝为辐射体,通电后使之达到白炽温度,产生热辐射。这种光源统称为热辐射电光源,目前仍是重要的照明光源,生产数量极大。

白炽灯是目前使用最为广泛的光源。它具有结构简单、价格低廉、开灯即亮、并可方便地实现连续调光的优点,缺点是寿命短、光效低。它以台灯、顶灯、壁灯、床头灯、走廊灯等形式广泛应用于居室、客厅、大堂、客房、商店、餐厅、走廊、会议室、庭院。

卤钨灯是灯内的填充气体中含有部分卤族元素或卤化物的充气白炽灯。除具有普通照明白炽灯的全部特点之外,卤钨灯光效和寿命比普通照明白炽灯提高一倍以上,且体积较小,广泛应用于会议室、展览展示厅、客厅、商业照明、影视舞台、仪器仪表、汽车、飞机以及其他特殊照明。

2. 气体放电型电光源

气体放电型电光源主要以原子辐射形式产生光辐射,根据这些光源中气体的压力,又可分为低气压气体放电光源和高气压气体放电光源。

1)低气压气体放电光源

低气压气体放电光源有日光灯、低压钠灯。

日光灯具有光效高、寿命长、光色好的特点。日光灯有直管形、环形、紧凑型等,是应用范围十分广泛的节能照明光源。用直管形日光灯取代白炽灯,节电 70%~90%,

寿命延长5～10倍；用紧凑型日光灯取代白炽灯，节电70%～80%，寿命延长5～10倍。

低压钠灯的特点是发光效率高、寿命长、光通维持率高、透雾性强，但显色性差，主要应用于隧道、港口、码头等。

2）高气压气体放电光源

高气压气体放电光源有高压汞灯、高压钠灯和金属卤化物灯。

高压汞灯又称高压水银灯，其使用寿命是白炽灯的2.5～5倍，发光效率是白炽灯的3倍，耐振、耐热性能好，线路简单，安装维修方便。其缺点是造价高，启辉时间长，对电压波动适应能力差。

高压钠灯是一种高压钠蒸气放电光源，光色呈金白色。它的优点是光色好，功率大，透雾性强，发光效率高，多用于室外照明，如广场、路灯等；其缺点是中断电源后，即使重新接通电源也不能立即发光，必须使管内温度下降后才能重新点燃。

金属卤化物灯的特点是寿命长、光效高、显色性好。其主要用于工业照明、城市亮化工程照明、大型商场照明、体育场馆照明以及道路照明等。

3. 其他电光源

其他电光源主要指高频无极灯、发光二极管——LED灯。

高频无极灯的特点是超长寿命（40 000～80 000 h）、无电极、瞬间启动和再启动、无频闪、显色性好。其主要用于公共建筑、商店、隧道、步行街、高杆路灯、保安和安全照明及其他室外照明。其优点是高显色性、高功率因数、电流总谐波低、安全。

发光二极管——LED灯是电致发光的固体半导体光源，其特点是高亮度电光源、可辐射各种色光和白光、0～100%光输出（电子调光）、寿命长、耐冲击和防振动、无紫外和红外辐射、低电压下工作（安全）。其具有寿命长、能耗低、光效高、易控制、免维护、安全环保、可靠性高等优点，适用于家庭、商场、银行、医院、宾馆、饭店及其他各种公共场所的照明。

与管形节能灯相比，LED灯省电、亮度高、投光远、投光性能好、使用电压范围宽，光源通过微电脑内置控制器可实现LED七种色彩变化，光色柔和、艳丽、丰富多彩，低损耗、低能耗，绿色环保。

与白炽灯管或低压荧光灯管相比，LED灯的稳定性和长寿命是明显优势。白炽灯的连续工作时间很少可以超过1 000 h，采用电子驱动器的日光灯管的连续工作时间可超过8 000 h，但LED灯能够无故障工作50 000 h以上。

从节能和长寿的角度分析，推广使用高亮度发光二极管——LED灯是21世纪电光源发展的必然趋势。

任务二　三相四线制照明电路及安装

一、任务描述

照明电路都是单相的,但如果有的灯接 U 相,有的接 V 相,有的接 W 相,就相当于三相照明电路了。照明电压都是 220 V,必须采用三相四线制供电线路,如图 3-18 所示。

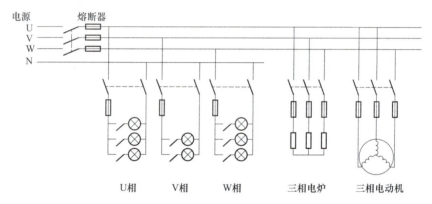

图 3-18　三相四线制供电线路

二、任务要点

（1）掌握三相电能表的原理与应用。
（2）掌握三相四线制照明电路的安装。

三、知识链接

（一）三相电子式多功能电能表

三相电子式多功能电能表一般由测量单元、数据处理单元、显示器等部分组成。测量单元是产生与被计量的电能量成正比例输出的电能表部件。数据处理单元是对输入信息进行数据处理的电能表部件。显示器是显示存储器内容的装置。

多功能电能表由测量单元和数据处理单元等组成,除计量有功（无功）电能外,还具有分时、测量需量等功能,并能显示、储存和输出数据。

1. 工作原理

多功能电能表的工作原理框图如图 3-19 所示。

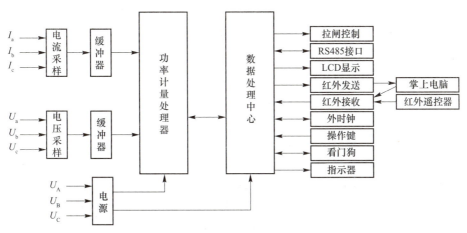

图 3-19　多功能电能表的工作原理框图

工作原理是 A、B、C 三相电压、电流信号经电能表采样电路和功率计量处理器变换成相应的数字信息后传送给数据处理中心，并通过程序处理计算出各相电压、电流、功率、电量、需量、功率因数等各项参数；同时识别各相电压、电流有无异常并记录相应的失压、失流状态。其原理图如图 3-20 所示。

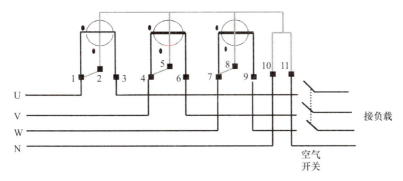

图 3-20　三相电能表的原理图

2. 主要性能

（1）保证整机长期稳定工作；精度基本不受频率、温度、电压变化影响；整机体积小，质量轻，密封性能好，可靠性较其他同类产品有明显提高。

（2）当电网停电后，锂电池作为后备电源，提供停电后表内电量的显示读取，并保证内部数据不丢失，日历、时钟、时段程序控制功能正常运行，来电后自动投入运行。

（3）电能表运行信息可由手持电脑、RS485 接口、国际标准 IC 卡三种媒介传输。

（4）为方便用户现场更换电能表，使用表中特有的复印功能，可以方便地将被更换表的所有信息复印至更换后的电能表上。

(5) 电能表适用于环境温度为 −25～60℃，相对湿度不超过 85% 的地区。

3. 主要技术参数

(1) 时钟误差：±0.5 s/天。

(2) 功耗：电压线路≤6 V·A，电流线路≤1 V·A。

(3) 电源工作电压范围：（+20%～−30%）U_e。

(4) 后备电源采用双锂电池：3.6 V、1.2 A·h。

(5) 电池工作寿命：≥10 年。

(6) 准确度等级：有功 0.2 级、0.5 级、1.0 级，无功 2.0 级。

(7) 潜动：具有逻辑防潜动电路。

（二）三相四线电路有功电能的测量

三相四线电路可看成是由三个单相电路构成的，因此，可用一只三相四线有功电能表（即三个驱动元件）或三只相同规格的单相电能表来测量三相四线电路有功电能，其原理接线图如图 3-21 所示，其实际接线如图 3-22 所示。

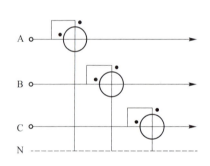

图 3-21　三相四线电路的原理接线图

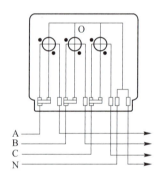

图 3-22　实际接线图

采用上述接线方式时应注意：

(1) 应按正相序（U、V、W）接线，反相序（W、V、U）接线时有功电能表虽然不反转，但由于电能表的结构和检定时误差的调整，都是在正相序条件下确定的，若反相序运行将产生相序附加误差。

(2) 电源中性线（N 线）与 L1、L2、L3 三根相线不能接错位置。若接错了，不但错计电量，而且会使其中两个元件的电压线圈承受线电压，使电压线圈承受了相电压的倍电压，可能致使电压线圈被烧坏。同时电源中性线与电能表电压线圈中性点应连接可靠，接触良好，否则会因为线路电压不平衡而使中性点有电压，造成某相电压过高，导致电能表计量不准。

(3) 当采用经互感器接入方式时，各元件的电压和电流应为同相，互感器极性不能接错，否则电能表计量不准，甚至反转。当为高压计量时电压互感器二次侧中性点必须接地。

（三）三相四线照明电路及安装

照明用电的负荷额定电压都是 220 V。三相间线电压都是 380 V，不加 N 线，没有 220 V，所以必须采用三相四线制供电系统，可以组成两种电压：220 V（相线与零线）、380 V（相线与相线），零线还可以起保护作用。三相照明电路实物接线图如图 3-23 所示。

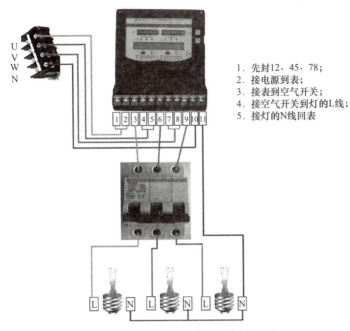

图 3-23　三相照明电路实物接线图

四、安排练习

为了更好地完成任务，你需要回答以下问题：

（1）三相电子式多功能电能表一般由_____单元、_____单元及显示器等部分组成。

（2）三相四线电路可看成是由三个_____电路构成的，因此，可用一只_____有功电能表（即三个驱动元件）或三只相同规格的_____电能表来测量三相四线电路有功电能。

（3）当前大量用于制作电线、电缆的金属材料是_____和_____。

（4）开关应串接在通往灯头的_____上，即白炽灯必须通过开关与相线相连。

（5）照明用电的负荷额定电压都是_____V。

五、拓展与提高

导　　线

当前大量用于制作电线、电缆的金属材料是铜和铝。铜的电阻率小，延展性、可锻

项目三 照明电路

性、耐热性好，但蕴藏量小。铝的导电能力是铜的 64%，但同规格同长度的铝的质量是铜的 30%，其可锻性、延展性、耐热性比铜要差，由于它蕴藏量大，所以被选作仅次于铜的电线、电缆金属材料。

常用电线、电缆分为裸导线、橡皮绝缘电线、聚氯乙烯绝缘电线、漆包圆铜线、低压橡套电缆等。它们的型号、名称及用途见表 3-2。

表 3-2 导线的型号、名称及用途

大类	型号	名称	用途
电线、电缆	BV BLV BX BLX BLXF	聚氯乙烯绝缘铜芯线 聚氯乙烯绝缘铝芯线 铜芯橡皮线 铝芯橡皮线 铝芯氯丁橡皮线	交、直流 500 V 及以下室内照明和动力线路的敷设，室外架空线路
	LJ LGJ	裸铝绞线 钢芯铝绞线	室内高大厂房绝缘子配线和室外架空线
	BVR	聚氯乙烯绝缘铜芯软线	活动不频繁场所电源连接线
	BVS RVB	聚氯乙烯绝缘双根铜芯绞合软线 聚氯乙烯绝缘双根平型铜芯软线	交、直流额定电压为 250 V 及以下的移动式电具、吊灯电源连接线
	BXS	棉花纺织橡皮绝缘双根铜芯绞合软线（花线）	交、直流额定电压为 250 V 及以下吊灯电源连接线
	BVV	聚氯乙烯绝缘护套铜芯线（2根或3根）	交、直流额定电压为 500 V 及以下室内外照明和小容量动力线路敷设
	RHF	氯丁橡胶铜芯软线	250 V 室内外小型电气工具电源连线
	RVZ	聚氯乙烯绝缘护套铜芯软线	交、直流额定电压为 500 V 及以下移动式电具电源连接线
电磁线	QZ	聚酯漆包圆铜线	耐温 130℃，用于密封的电动机、电器绕组或线圈
	QA	聚氨酯漆包圆铜线	耐温 120℃，用于电工仪表细微线圈或电视机线圈等高频线圈
	QF	耐冷冻剂漆包圆铜线	在氟利昂等制冷剂中工作的线圈如电冰箱、空调器压缩机电动机绕组
通信线缆	HY、HE HP、HJ GY	H 系列及 G 系列光纤电缆	电报、电话、广播、电视机、传真、数据及其他电信息的传输

任务三　家用照明电路的设计与安装

一、任务描述

在电工板上按照控制原理安装一个开关控制一盏灯的电路。

二、任务要点

（1）正确安装灯具及插座。
（2）正确安装导线。
（3）正确安装开关。

三、知识链接

（一）灯具的安装

1. 灯具的安装要求

（1）白炽灯、日光灯等电灯吊线应用截面积不小于 0.75 mm² 的绝缘软线。

（2）照明每一回路配线容量不得大于 2 kW。

（3）对于螺旋灯头的安装，在灯泡装上后，灯泡的金属螺口不应外露且应接在零线上。

（4）照明 220 V 灯具的高度应符合下列要求：

① 潮湿、危险场所及户外不低于 2.5 m。

② 生产车间、办公室、商店、住房等一般不应低于 2 m。

③ 灯具低于上述高度而又无安全措施的车间照明以及行灯、机床局部照明灯应使用 36 V 以下的安全电压。

④ 露天照明装置应采用防水器材，高度低于 2 m 应加防护措施，以防意外触电。

⑤ 碘钨灯、太阳灯等特殊照明设备，应单独分路供电；不得装设在有易燃、易爆物品的场所。

⑥ 在有易燃、易爆、潮湿气体的场所，照明设施应采用防爆式、防潮式装置。

2. 灯座的安装

灯座安装控制线路是中心头接火线，螺口接零线。其接线如图 3-24 所示。

项目三 照明电路

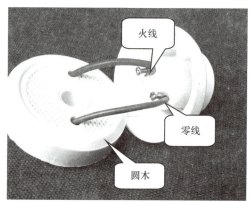

图 3-24 灯座的安装

（二）单相电度表的安装

1. 单相电度表的安装要求

（1）单相电度表的接线有单相跳入式和单相顺入式两种。电度表有接线盒，电压和电流的电源已经连在一起，接线盒有 4 个端子，即相线一进一出和零线一进一出，配线应采用进端接电源端，出端接负载端，电流线圈应接相线而不要接零线。

（2）电度表不宜安装在 $\cos\varphi = 1$ 标定电流 5% 以下的电路中使用。

（3）使用电压互感器和电流互感器时，实际消耗的电能应为电度表的读数乘以电压互感器和电流互感器的变化值。

2. 单相电度表的安装方法

（1）固定电度表的安装位置要便于读表，现在多安装在电表箱中。

（2）单相跳入式电度表火线是 1 进 2 出，零线是 3 进 4 出。

（3）导线引出端应留有一定的余量，便于安装和检修等工作。电度表的安装如图 3-25 所示。

图 3-25 电度表的安装

（三）漏电保护器的安装

1. 漏电保护器的安装要求

（1）漏电保护器的安装应符合生产厂家产品说明书的要求。

（2）标有电源侧和负荷侧的漏电保护器不得接反。如果接反，则会导致电子式漏电保护器的脱扣线圈无法随电源切断而断电，以致长时间通电而烧毁。

（3）安装漏电保护器不得拆除或放弃原有的安全防护措施，安装漏电保护器只能作为电气安全防护系统中的附加保护措施。

（4）安装漏电保护器时，必须严格区分中性线和保护线。使用三极四线式和四极四线式漏电保护器时，中性线应接入漏电保护器。经过漏电保护器的中性线不得作为保护线。

（5）工作零线不得在漏电保护器负荷侧重复接地，否则漏电保护器不能正常工作。

（6）采用漏电保护器的支路，其工作零线只能作为本回路的零线，禁止与其他回路工作零线相连，其他线路或设备也不能借用已采用漏电保护器的线路或设备的工作零线。

（7）安装完成后，要按照《建筑电气工程施工质量验收规范（GB 50303—2002）3.1.6条款》，即"动力和照明工程的漏电保护器应做模拟动作试验"的要求，对完工的漏电保护器进行试验，以保证其灵敏度和可靠性。试验时可操作试验按钮三次，带负荷分合三次，确认动作正确无误后方可正式投入使用。

2. 漏电保护器的安装方法

（1）固定漏电保护器在开关盒中，一般开关盒中均有一个卡座。

（2）漏电保护器一般左边是火线，右边是零线，安装时要看漏电保护器的安装说明书。

（3）导线应加工成麻花状，压接到漏电保护器的接线端口中，漏电保护器的安装如图3-26所示。

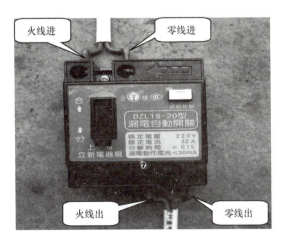

图3-26　漏电保护器的安装

项目三 照明电路

(四) 空气开关的安装

1. 空气开关的安装要求

(1) 固定好配电箱。确定配电箱中安装空气开关的槽架是牢固的。

(2) 确定空气开关的输入、输出端口。

(3) 将空气开关安装到配电箱的槽架上。

(4) 将空气开关置于断开状态,将输出电源的连接线接到空气开关的输出端口。

(5) 用同样的方法将输入电源的连接线接到空气开关的输入端口。

2. 空气开关的安装方法

(1) 固定空气开关到开关盒中,开关盒中一般均有卡座。

(2) 空气开关只接火线,先接输出端,后接输入端。

(3) 导线头要进行处理,一般加工成麻花状导线头。

(五) 开关的安装

1. 开关的安装要求

(1) 扳把开关距地面高度一般为 1.2～1.4 m,距门框为 150～200 mm。

(2) 拉线开关距地面一般为 2.2～2.8 m,距门框为 150～200 mm。

(3) 多尘、潮湿场所和户外应用防水瓷质拉线开关或加装保护箱。

(4) 在易燃、易爆和特殊场所,应分别采用防爆型、密闭型的开关或将开关安装在其他处所控制。

(5) 暗装的开关及插座装牢在开关盒内,开关盒应有完整的盖板。

(6) 密闭式开关,熔丝不得外露,开关应串接在相线上,距地面的高度为 1.4 m。

(7) 仓库的电源开关应安装在库外,以保证库内不工作时库内不充电。单极开关应装在相线上,不得装在零线上。

(8) 当电器的容量在 0.5 kW 以下的电感性负荷(如电动机)或 2 kW 以下的电阻性负荷(如电热、白炽灯)时,允许采用插销代替开关。

2. 开关的安装方法

(1) 开关一般均安装在开关盒中,对导线线头要进行加工处理。

(2) 开关只控制火线,单联开关一般是一进一出。

(3) 将接好线的插座固定到底盒上。单联开关的安装如图 3-27 所示。

3. 白炽灯的安装

白炽灯的安装如图 3-28 所示。

图 3-27 单联开关的安装

任务三　家用照明电路的设计与安装

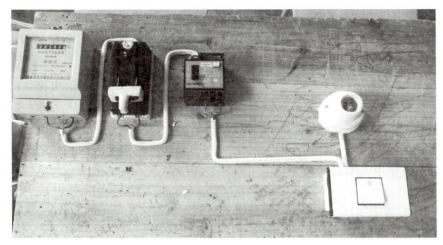

图 3-28　白炽灯的安装

四、安排练习

为了更好地完成任务，你需要回答以下问题：

（1）单相电度表的接线有单相_____式和单相_____式两种。

（2）每只双联开关由一个_____和两个_____组成。

（3）与白炽灯管或低压日光灯管相比，_____的稳定性和长寿命是明显优势。

（4）灯头安装控制线路是中心头接_____线，螺口接_____线。

（5）漏电保护器一般左边是_____线，右边是____线，安装时要看漏电保护器的安装说明书。

五、拓展与提高

家庭配电线路及器材选用的估算

在对一套完整住宅配电线路的安装中，除了对线路的布局、用电设备的位置进行设计外，不可避免的是如何根据该家庭用电设备的功率、电压等级等选择电能表、导线、开关、熔断器、插座等的型号规格。特别是近年的城乡建筑物，完工后多将"清水房"（未经装修的成套住房）交付用户使用。用户接到房屋后的首要任务是装修，装修中电路的设计和安装则是住房装修工程中的重要内容之一。现代住房线路装修的要求是安全、耐用、美观、入时。为了达到这些要求，在用电材料型号、规格等的选择上应做到以下三点：

（1）电能表、供电线路、开关、熔断器、插座等的载流量必须满足用电设备的要求，即电线的材质、横截面积、开关、熔断器、插座的导电部分能承受长时间通电运行，其发热后温度不超过允许值。

（2）导线及器材的耐压等级应符合家庭照明电压的要求，即它们的绝缘层在 220 V

照明电压下能长时间工作而不会被击穿。

（3）线路的机械强度应能满足室内布线的要求，即线路在施工及使用过程中不会被拉断、扭伤。

在室内布线线路中，导线和其他材料耐压等级不难解决，因目前市场上供应的产品耐压多在 500 V 以上，可直接选购。室内布线对导线机械强度要求更低，因现代家庭的线路安装多用管道在墙体、天棚或地坪下暗装，导线不会受到明显的机械应力，所以不用过多考虑。在家庭线路的安装中，必须认真、仔细地根据家庭用电设备功率测算导线及其他用电器材的载流量，可以从表 3-3 中查出其规格型号，然后在市场上选购。

1. 家庭配电主线路、电能表、熔断器容量的选择

统计出该家庭用电设备耗电的千瓦（kW）数，按单相供电中每千瓦的功率对应的电流为 4.5 A，从而计算出该家庭用电的总电流，在估算中应考虑现代家庭家用电器中电动机的使用情况。家用电器和灯具中，电热器具如电饭煲、电炒锅、电炉、白炽灯等功率因数可视为 1，而电冰箱、空调器、洗衣机、电风扇、吸尘器等的动力机都用电动机，这些单相电机的功率因数在 0.8 左右，通常按 0.8 进行估算，其家庭总用电电流由如下两部分组成：

（1）电热器具及白炽灯照明用电电流为

$$\text{电热器具、白炽灯总千瓦数} \times 4.5 \text{ A}$$

（2）电动器具与日光照明用电电流为

$$（\text{电动器具、日光灯总千瓦数}）\div 0.8 \times 4.5 \text{ A}$$

以上两项的电流之和为该家庭用电电流总和，根据该数据查表选择导线规格。在市场上直接选购其载流量大于该数据的电能表、开关及熔断器等。

2. 家庭各支路导线、开关、熔断器和插座的选择

家庭支路线是指从总开关出现分路后，分别送往客厅、饭厅、厨房、厕所及各卧室的电路。其计算方法与上述总线部分相同，但因这些地方常有较大功率用电器，如客厅、饭厅、卧室有空调，厨房有电冰箱、电饭煲、电炒锅、抽油烟机（或排气扇）等，厕所有浴霸，有的还有洗衣机，在对这些房屋供电线路开关、熔断器、插座的选择上，除了按上述公式计算外，还应留有一定裕量。

任务三　家用照明电路的设计与安装

表 3-3　500 V 铜芯绝缘导线长期连续负荷允许载流量表

导线截面/mm²	线芯结构 股数	线芯结构 单芯直径/mm	成品外径/mm	导线明敷 25°C 橡皮	导线明敷 25°C 塑料	导线明敷 30°C 橡皮	导线明敷 30°C 塑料	橡皮绝缘导线多根同穿在一根管内时允许负荷电流/A 25°C 穿金属管 2根	3根	4根	25°C 穿塑料管 2根	3根	4根	30°C 穿金属管 2根	3根	4根	30°C 穿塑料管 2根	3根	4根	塑料绝缘导线多根同穿一根管内允许负荷电流/A 25°C 穿金属管 2根	3根	4根	25°C 穿塑料管 2根	3根	4根	30°C 穿金属管 2根	3根	4根	30°C 穿塑料管 2根	3根	4根
1.0	1	1.13	4.4	21	19	20	18	15	14	12	13	12	10	14	13	11	12	11	10	14	13	11	12	11	10	13	12	10	11	10	9
1.5	1	1.37	4.6	27	24	25	22	20	18	17	17	16	14	18	17	16	16	15	13	18	17	16	16	15	13	17	16	15	15	14	12
2.5	1	1.76	5.0	35	32	33	30	28	25	23	25	21	20	26	23	22	24	21	19	26	24	22	22	20	19	24	22	21	20	19	18
4.0	1	2.24	5.5	45	42	42	39	37	33	31	33	30	26	35	31	28	31	28	24	35	33	31	29	28	25	31	29	28	26	25	23
6.0	1	2.73	6.2	58	55	54	51	49	43	39	46	43	34	47	40	36	41	36	32	44	41	38	38	36	32	41	38	36	35	32	30
10	7	1.33	7.8	85	75	79	70	68	60	53	59	52	46	65	56	50	56	49	44	61	57	53	50	49	44	57	53	50	47	46	41
16	7	1.68	8.8	110	105	103	98	86	77	69	76	68	60	82	72	64	71	64	56	77	68	61	65	57	52	73	65	57	67	61	53
25	19	1.28	10.6	145	138	135	128	113	100	90	100	90	80	107	94	84	94	84	75	100	89	80	85	75	67	95	85	75	89	80	70
35	19	1.51	11.8	180	170	168	159	140	122	110	125	110	98	133	117	103	117	103	92	124	117	107	105	100	93	115	107	98	112	98	87
50	19	1.81	13.8	230	215	215	201	175	154	137	160	140	123	165	150	131	150	132	115	154	136	121	130	120	105	146	130	115	140	123	109
70	49	1.33	17.3	285	265	266	248	215	193	173	195	175	155	205	182	163	185	167	148	192	171	154	165	150	132	183	165	146	173	156	138
95	84	1.20	20.8	345	320	322	304	260	235	210	240	215	195	250	220	201	230	205	185	234	210	200	200	185	167	225	200	182	215	192	173
120	37	1.08	21.7	400	375	374	350	300	270	245	278	245	215	285	252	229	255	230	212	266	248	215	230	215	185	266	240	215	248	224	201
150	37	2.24	22.0	470	430	440	402	340	310	280	320	290	265	320	290	262	305	280	248	299	276	252	270	255	230	295	270	248	285	262	234
185	—	—	25.4	490	504	458	385	355	320	300	360	330	290	340	308	280	355	300	280	317	331	280	305	280	255	300	340	299	289	261	—

注：导电线芯最高允许工作温度 +℃。

项目三 照明电路

复习思考题

1. 家庭常用照明电路有哪些？
2. 一灯一控照明电路主要由哪几部分组成？
3. 熔断器的工作原理是什么？
4. 熔断器由哪几部分组成？
5. 白炽灯的工作原理是什么？
6. 元件定位及安装需要注意什么？
7. 什么是一灯两控照明电路？其一般由哪几部分组成？
8. 两孔三孔插座应如何接线？
9. 安装插座时应注意什么事项？
10. 双控开关的特点是什么？
11. 开关应该怎么接进电路中？
12. 日光灯的组成及工作原理是什么？
13. 启辉器的作用是什么？
14. 常用的电光源有哪几种？
15. LED 灯有哪些特点？
16. 什么是三相照明电路？
17. 三相三线电子式多功能电能表由哪几部分组成？
18. 三相三线电子式多功能电能表工作原理是什么？
19. 三相三线电子式多功能电能表有哪些性能？
20. 三相三线电子式多功能电能表有哪些参数？
21. 目前，大量用于制作电线电缆的材料有哪些？
22. 灯具的安装要求有哪些？
23. 电能表的安装要求有哪些？
24. 漏电保护器的安装要求有哪些？
25. 空气开关的安装要求有哪些？
26. 开关的安装要求有哪些？
27. 简述开关的安装方法。
28. 简述熔断器的工作原理。
29. 如图 3-29 所示，将热水器、照明和备用空开接入总控，再将热水器插座、一个开关控制的照明灯接入对应的空气开关。

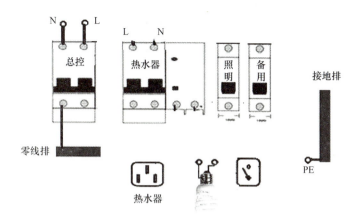

图 3-29　复习思考题 29 题图

30.（1）要求遵守安全用电技术规范，查看照明电路实操板示意图，如图 3-30 所示，用 BVR 导线装接开关 SA1 控制洗衣机五孔插座 XS1，要求 A 号空开 QF2 控制此支路。并完成表 3-4 中项目要求。

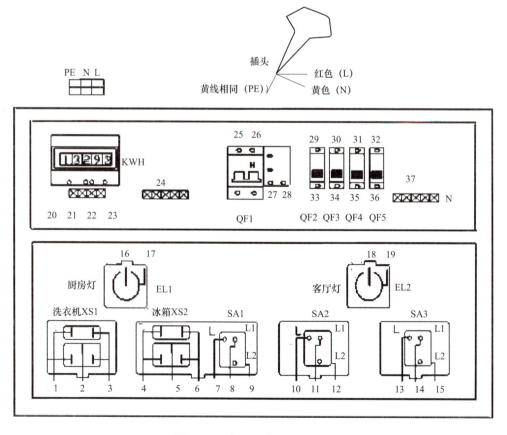

图 3-30　复习思考题 30 题图

表 3-4 项目要求

试题		(说明：配电板上部分器件已接入)
考核要求： 1. 按要求正确熟练地装接，安装和配线接线要紧固、美观，导线要进线槽，电线颜色使用规范，正确使用工具和仪表。 2. 安全文明操作。试电时须有考评员，评分后，考生拆除自己安装部分	元件检查	检测照明配电板的器件并加固，因操作不当损坏器件每只扣 2 分
	布线	若接线不正确，每根线扣 2 分；布线未进入线槽、不牢固、不整齐、导线颜色使用不正确，每根线扣 1 分（不要求装针线鼻）
	连线记载	用（ ）色导线将 33 号与（ ）号相连； 用（ ）色导线将 29 号与（ ）号相连； 用（ ）色导线将 28 号与（ ）号相连； 用（ ）色导线将 1 号与（ ）号相连； 用（ ）色导线将 2 号与（ ）号相连； 用（ ）色导线将 3 号与（ ）号相连
	通电试验	1. 洗衣机 XS1 五孔插座；（4 分） 2. SA1 开关控制功能；（3 分） 3. A 号空气开关 QF2 控制此支路（3 分）
	安全文明	工具或仪表使用不规范、摆放不齐整，工位不整洁，未拆或错拆导线每处扣 1 分。因操作不当损坏器件每只扣 2 分
注意：1. 板上器件套放在底座盒上，小心摔坏。 　　　2. 安装时请不要掰开面板，试电时务必将器件放入底座盒内		

（2）按要求在照明配电实操板上进行相关实操及连线记载。

项目四 变压器

学习目标

1. 了解变压器的分类、结构、参数、铭牌。
2. 掌握变压器的工作原理和变压、变流和阻抗变换的作用及应用。
3. 掌握变压器的功率损耗、功率传递、效率。
4. 了解单相和三相变压器的结构特点和用途。
5. 掌握变压器同名端检测,首位端识别及标志,星形,三角连接方式等。
6. 了解电压互感器和电流互感器的结构特点和用途。

项目四 变压器

任务一 初识变压器

一、任务描述

我们知道，日常生活和生产中需要各种不同的交流电压，如工厂中的动力设备用的电压是 380 V，而照明用电的电压是 220 V，还有些安全要求较高的场合需要安全电压如 36 V、24 V 等。如果采用输出电压不同的发电机分别供电，则是不可能的，也是不现实的，所以实际上我们现在用的不同电压值的交流电压都是通过变压器进行变换得到的。

变压器还可以用来改变交流电流、变换阻抗、改变相位。变压器是输配电、电工测量和电子技术中一种十分重要的电气设备。

例如，在电力系统中用电力变压器把发电机发出的电压升高后进行远距离输电，到达目的地以后再用变压器把电压降低供用户使用；在实验室用自耦变压器改变电源电压；在测量上利用仪用变压器扩大对交流电压、电流的测量范围；在电子设备和仪器中用小功率电源变压器提供多种电压，用耦合变压器传递信号并隔离电路上的联系，等等。

变压器虽然大小悬殊、用途各异，但其基本结构和基本工作原理是相同的。

二、任务要点

（1）了解变压器的用途、分类和结构。
（2）会识读变压器的铭牌并了解变压器的各项参数。
（3）掌握变压器的工作原理。

三、知识链接

（一）变压器的分类

变压器的种类很多，分类方法也很多。不同类型的变压器在结构和性能上有很大的差别。下面我们按常用的分类方法来讨论变压器的种类。

1. 按用途分类

变压器按用途可大致分为以下几种：
（1）电力变压器：用于输配电系统的升、降电压。
（2）输入、输出变压器：在电子技术中用于实现阻抗匹配。

(3）测量变压器：互感器、钳形电流表等。

（4）安全变压器：用于特殊环境。

（5）特种变压器：如电源变压器、整流变压器、调整变压器等。

2. 按相数分类

（1）单相变压器：用于单相负荷的变压。

（2）三相变压器：用于三相供电系统的升、降电压。

3. 按冷却方式分类

（1）干式变压器：依靠空气对流进行冷却，一般用于局部照明、电子线路等小容量变压器。

（2）油浸式变压器：依靠油作冷却介质，如油浸自冷、油浸风冷、油浸水冷、强迫油循环等。

4. 按绕组形式分类

（1）双绕组变压器：用于连接电力系统中的两个电压等级。

（2）三绕组变压器：一般用于电力系统区域变电站中，连接三个电压等级。

（3）自耦变压器：用于连接不同电压的电力系统，也可作为普通的升压或降压变压器用。

5. 按铁芯形式分类

（1）芯式变压器：用于高压的电力变压器。

（2）壳式变压器：用于大电流的特殊变压器，如电源变压器、电焊变压器；或用于电子仪器及电视、收音机等的电源变压器。

（二）变压器的结构

变压器的种类很多，但其基本结构是相同的，都是由铁芯、绕组两个基本部分和其他附件组成。

1. 铁芯

铁芯是变压器的磁路通道。为了提高铁芯导磁能力，使变压器容量增大，体积减小，效率提高，要求铁芯采用导磁性能良好的材料。传统铁芯通常由含硅量较高，表面涂有绝缘漆的热轧或冷轧硅钢片叠装而成。冷轧硅钢片比热轧硅钢片的性能更好，磁导率高且损耗小，但工艺性较差，导磁有方向且价格较贵，多用于大中型变压器。目前变压器一般采用冷轧硅钢片，厚度有 0.35 mm、0.3 mm、0.27 mm 多种，钢片越薄质量越好。通信用的变压器多用铁氧体、铝合金或其他磁性材料制成的铁芯。

近年来，变压器的铁芯材料已发展到现在最新的节能材料——非晶态磁性材料，如 2605S2，非晶合金铁芯变压器便应运而生。这种变压器的铁损仅为硅钢变压器的 1/5。

常用变压器的铁芯有 E 形、F 形、口字形、C 形、日字形等，如图 4-1 所示。为了提高导磁性能，装配时通常要求硅钢片交替叠装，如图 4-2 所示。

项目四 变压器

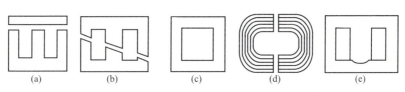

图 4-1 常用变压器的铁芯
(a) E 形；(b) F 形；(c) 口字体；(d) C 形；(e) 日字形

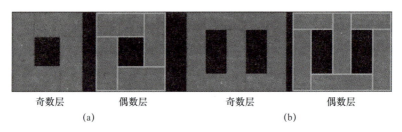

图 4-2 硅钢片叠装方法
(a) 单相四片式铁芯交叠方法；(b) 三相六片式铁芯交叠方法

2. 绕组

绕组是变压器的电路部分，由带绝缘层的铜导线（常用）或铝导线绕制而成，如图 4-3 所示。电磁线一般有漆包线、绕包线、无机绝缘线、换位导线等。电磁线必须满足多种使用和制造工艺的要求。前者包括其形状、规格、能短时和长期在高温下工作，以及承受某些场合中的强烈振动和高速下的离心力，高电压下的耐受电晕和击穿，特殊气氛下的耐化学腐蚀等；后者包括绕制和嵌线时经受拉伸、弯曲和磨损的要求，以及浸渍和烘干过程中的溶胀、侵蚀作用等。

工作时与电源相连的绕组叫作一次绕组（初级绕组或原绕组），与负载相连的绕组叫作二次绕组（次级绕组或副绕组）。

3. 变压器的附件

变压器所用的附件一般包括：

1) 绝缘材料

绝缘材料是变压器重要附件之一，其作用是保证变压器的电气绝缘性能。其主要用于铁芯与绕组之间、绕组与绕组之间、绕组的层与层之间、引出线与其他绕组及铁芯之间部位的绝缘。小型变压器所用绝缘材料有青壳纸、聚酯薄膜青壳纸、聚酯薄膜、黄蜡绸（纸）等。对于引出线的绝缘，多选用玻璃丝漆管或黄蜡管等。小型变压器部分附件如图 4-4 所示。

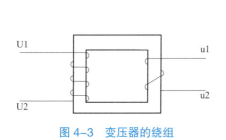

图 4-3 变压器的绕组

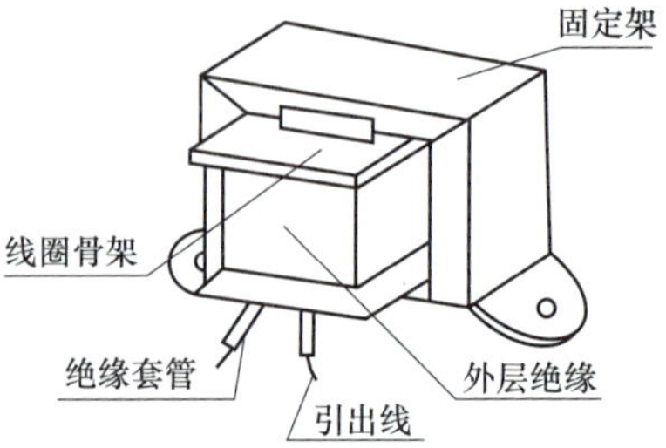

图 4-4 小型变压器部分附件

2）绕组骨架

其作用是支撑和固定绕组，便于装配铁芯。

3）屏蔽罩

在对漏磁通的防护要求较高的场合，变压器的外层应加装用导磁材料制成的金属屏蔽罩，以防止漏磁通干扰线路工作，如中频变压器、要求较高的电源变压器等。

电力变压器附件还包括油箱、储油柜、散热器、分接开关、套管、气体继电器等。

（三）变压器的电路符号及参数

1. 变压器的电路符号

图4-5所示为变压器的一般图形符号，其中T是它的文字符号。

图4-5 变压器的一般图形符号

2. 变压器的参数与铭牌

变压器在规定的使用环境和运行条件下，主要技术参数一般都标注在变压器的铭牌上，如图4-6所示，主要技术参数包括：型号、额定容量、额定电压及其分接、额定频率、绕组连接以及额定性能数据和总重等。

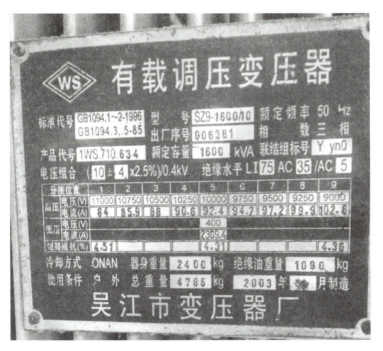

图4-6 变压器的铭牌

1）变压器的型号

变压器的型号如图4-7所示，一般分两部分，前一部分由字母组合组成，代表变压器的类别、结构特征和用途；后一部分由数字组成，表示产品的容量（kV·A）和高压绕组电压（kV）等级。

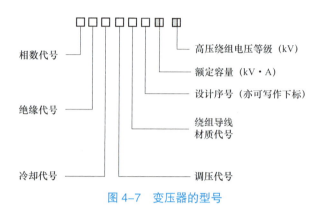

图 4-7　变压器的型号

汉语拼音字母含义如下：

第 1 个字母表示相数：D——单相（或强迫导向）；S——三相。

第 2 个字母表示绝缘代号：C——绕组为树脂浇注成形固体；G——空气绝缘；无则代表油浸绝缘。

第 3 组字母表示冷却方式：J——油浸自冷；F——油浸风冷；FP——强迫油循环风冷；SP——强迫油循环水冷。

第 4 个字母表示调压代号：Z——有载调压；无则代表无载调压。

第 5 个字母表示绕组导线材质代号：L——铝绕组；无则代表铜绕组。

其他字母代号：B——箔式绕组；R——缠绕式绕组；O——自耦（在首位时表示降压自耦，在末位时表示升压自耦）。

字母后面紧跟着的数字一般是设计序号。

2）额定容量

额定容量是制造厂所规定的在额定工作状态（在额定电压、额定频率、额定使用条件下的工作状态）下变压器输出的视在功率的保证值，以 S_N 表示。一般情况下，额定容量通常是指高压绕组的容量，而当变压器容量因冷却方式而变更时，则额定容量是指它的最大容量。

3）额定电流

变压器一、二次额定电流是指在额定电压和额定环境温度下使变压器各部分不超温的一、二次绕组长期允许通过的线电流，单位以 A 表示。

4）额定电压

变压器的额定电压就是各绕组的额定电压，是指额定施加的或空载时产生的电压。一次额定电压 U_{1N} 是指接到变压器一次绕组端点的额定电压值；二次额定电压 U_{2N} 是指当一次绕组所接的电压为额定值、分接开关放在额定分触头位置上，变压器空载时二次绕组的电压（单位为 V 或 kV）。三相变压器的额定电压指的均是线电压。

一般情况下，在高压绕组上抽出适当的分接头，因为高压绕组或其单独调压绕组常常套在最外面，引出分接头方便；另外高压侧电流小，引出分接引线和分接开关的载流部分截面小，分接开关接触部分容易解决。

例如：变压器"SCB10－1 000 kV·A／10 kV／0.4 kV"表示的含义：

S 表示此变压器为三相变压器，如果 S 换成 D 则表示此变压器为单相。

C 表示（干式变压器）绕组为树脂浇注成形固体。

B 表示箔式绕组，如果是 R 则表示缠绕式绕组，如果是 L 则表示铝绕组，如果是 Z 则表示有载调压（铜不标）。

10 表示是设计序号，也叫技术序号。

1 000 kV·A 则表示此台变压器的额定容量（1 000 千伏安）。

10 kV 表示一次额定电压为 10 kV，0.4 kV 表示二次额定电压为 0.4 kV。

（5）连接组别。

连接组别表示变压器各相绕组的连接方式和一、二次线电压之间的相位关系。符号由左至右各代表一、二次绕组的连接方式，数字表示两个绕组的连接组号。

四、安排练习

为了更好地完成任务，你需要回答以下问题：

（1）变压器的基本结构由_____、_____两个部分组成。其中_____是变压器的磁路通道，_____是变压器的电路部分。

（2）为了提高导磁性能，装配时通常要求硅钢片_____。

（3）变压器是根据_____原理工作的。

（4）按相数分，变压器一般可分为_____和_____。

（5）额定容量是变压器输出的_____的保证值。

五、拓展与提高

变压器铭牌上除了以上基本参数外，还可能有其他内容，比如短路阻抗、空载电流、空载损耗、短路损耗等性能参数，以及变压器生产厂家、变压器油型号、变压器套管，如果有分接开关，还有开关每一挡对应的额定电压和电流，等等。我们来简单了解一下。

1. 短路阻抗

阻抗电压也称短路电压（$U_z\%$），它表示变压器通过额定电流时在变压器自身阻抗上所产生的电压损耗（百分值）。其计算方法：将变压器二次侧短路，在一次侧逐渐施加电压，当二次绕阻通过额定电流时，一次绕阻施加的电压 U_Z 与额定电压 U_N 之比的百分数即为阻抗电压，即 $U_Z\% = U_Z/U_N \times 100\%$。

正常运行时，阻抗电压少一些较好，因为阻抗电压过大时，会产生过大的电压降；而在变压器发生短路时，阻抗电压大一些较好，因为可以限制短路电流，否则变压器经受不住短路电流冲击。

2. 空载电流

变压器一次侧施加（额定频率的）额定电压，二次侧断开运行时称为空载运行，这时一次绕组中通过的电流称为空载电流，它主要用于产生磁通，以形成平衡外施电压的反电动势，因此空载电流可看成励磁电流。变压器容量大小、磁路结构和硅钢片的质量好坏是决定空载电流的主要因素。

3. 空载损耗

空载电流的有功分量 I_{0a} 为损耗电流，从电源吸取的有功功率称为空载损耗 P_0。空载损耗主要取决于铁芯材质的单位损耗。

4. 短路损耗

短路损耗是指变压器二次侧短接、一次绕组通过额定电流时变压器从电源吸取的（亦即消耗的）功率（单位为 W 或 kW）。

5. 分接开关

变压器常利用改变绕组匝数的方法进行调压。为了改变绕组匝数（通常改变高压侧匝数），把绕组分出若干抽头，这些抽头叫作分接头，用以连接及切换分接头的装置叫作分接开关。分接开关分为无载调压分接开关和有载调压分接开关。

正常情况下，从变压器铭牌上能够找出绝大部分变压器的信息，读懂变压器铭牌的各个数据所表达的意思对变压器维修保养工作非常重要。

任务二　单相变压器

一、任务描述

单相变压器即一次绕组和二次绕组均只有一个绕组的变压器，它的结构相对简单，主要应用于功率较小、无三相电源以及电子技术应用的范围和场所。在这种情况下，变压器的损耗和漏磁通都是很小的。因此，在变压器损耗、漏磁通和导线的铜损不计的情况下，我们可以把变压器看成一个理想变压器。

为方便分析，我们先以单相理想变压器为例，来进一步学习和掌握变压器的基本知识和用途。

二、任务要点

（1）掌握变压器的工作原理及变压、变流和阻抗变换的作用及应用。

（2）了解变压器的功率损耗，并掌握变压器的功率传递和效率。

三、知识链接

（一）变压器的工作原理

变压器是根据电磁感应原理工作的。其工作原理如图4-8所示，工作时把变压器的一次绕组接在交流电源上，二次绕组接在负载上。这样在一次绕组中就有交流电流流过，交流电流将在铁芯中产生交变磁通 Φ，这个变化的磁通 Φ 同时通过一次绕组和二次绕组。这样交变磁通将在一次绕组中产生自感电动势，同时在二次绕组中也产生了互感电动势。这时，如果在二次绕组上接上负载，那么电能将通过负载转换成其他形式的能量。

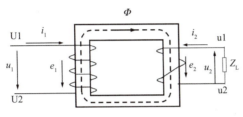

图4-8 变压器的工作原理

（二）变压器的作用及应用

1. 变换交流电压

当变压器的一次绕组上接上交流电源后，在一次绕组、二次绕组中都通有交变磁通，如果我们把变压器看成理想变压器，那么穿过一次绕组、二次绕组的磁通应该相同，它们的变化情况也相同，所以两个绕组的每匝线圈所产生的感应电动势也应该相等。若一次绕组的匝数为 N_1，二次绕组的匝数为 N_2，穿过它们的磁通变化率都为 $\dfrac{\Delta\Phi}{\Delta t}$，那么一次绕组、二次绕组中所产生的自感电动势和互感电动势分别是

$$E_1 = N_1 \frac{\Delta \Phi}{\Delta t}$$

$$E_2 = N_2 \frac{\Delta \Phi}{\Delta t}$$

所以就有

$$\frac{E_1}{E_2} = \frac{N_1}{N_2}$$

在理想情况下（一次绕组和二次绕组的电阻忽略不计），一次绕组和二次绕组上的电压就近似等于对应的电动势，即

$$U_1 \approx E_1$$
$$U_2 \approx E_2$$

因而得到

$$\frac{U_1}{U_2} \approx \frac{N_1}{N_2} = n$$

可见，变压器的一次绕组、二次绕组的电压有效值之比等于这两个绕组的匝数之比，其中 n 叫作变压比。若 $N_1 > N_2$，则 $n > 1$，$U_1 > U_2$，此类变压器为降压变压器；反之，若 $N_1 < N_2$，则 $n < 1$，$U_1 < U_2$，此类变压器为升压变压器。对于多绕组变压器，因其副边绕组留有多个抽头，换接不同的抽头可获得不同的输出电压。

2. 变换交流电流

变压器还是电能传递的重要元件，它能从电网中获取能量，并通过电磁感应进行能量转换后再把电能输送给负载。根据能量守恒定律，如果将变压器视为理想器件，其内部不消耗功率，从电网中获取的功率（变压器的输入功率）和消耗在负载上的功率（变压器的输出功率）相等，即 $P_1 = P_2$。根据交流电功率的公式可得 $P_1 = U_1 I_1 \cos\varphi_1$，$P_2 = U_2 I_2 \cos\varphi_2$，其中，$\cos\varphi_1$ 是一次绕组的功率因数，$\cos\varphi_2$ 是二次绕组的功率因数，φ_1 和 φ_2 相差很小，所以在实际计算时可以认为它们相等，因而得到

$$U_1 I_1 \approx U_2 I_2$$

所以

$$\frac{I_1}{I_2} \approx \frac{N_1}{N_2} = \frac{1}{n}$$

即变压器的一次绕组、二次绕组的电流有效值之比与两个绕组的匝数成反比。可见，变压器具有变换电流的作用，它在变换电压的同时也变换了电流。变压器的高压绕组匝数多而通过的电流小，故可用较细的导线绕制；低压绕组匝数少而通过的电流大，故应当用较粗的导线绕制。

3. 变换交流阻抗

设变压器一次侧的输入阻抗（一次侧两端的等效阻抗）为 Z'，二次侧的负载阻抗为 Z_L，如图 4-9 所示。

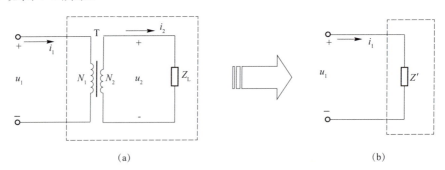

图 4-9　变换交流阻抗
（a）二次侧电路；（b）等效电路

由二次侧电路可得

$$Z_L = \frac{U_2}{I_2}$$

由等效电路可得

$$Z' = \frac{U_1}{I_1}$$

将 Z'/Z_L，可得

$$\frac{Z'}{Z_L} = \frac{\frac{U_1}{I_1}}{\frac{U_2}{I_2}} = \frac{U_1}{U_2} \times \frac{I_2}{I_1} = n^2$$

还可以写成

$$Z' = n^2 Z_L$$

这表明变压器的二次侧接上负载 Z_L 后，对电源而言相当于接上阻抗为 n^2Z_L 的负载。当变压器负载 Z_L 一定时，改变变压器一次侧、二次侧匝数，可获得所需要的阻抗，所以变压器的另一个功能就是实现阻抗变换，阻抗变换是变压器的一个十分重要的功能。

（三）变压器的功率和效率

1. 变压器的功率

变压器一次侧的输入功率为

$$P_1 = U_1 I_1 \cos\varphi_1$$

式中，U_1 为一次绕组电压；I_1 为一次绕组电流；φ_1 为一次绕组的电压和电流的相位差。

变压器二次侧的输出功率为

$$P_2 = U_2 I_2 \cos\varphi_2$$

式中，U_2 为二次绕组电压；I_2 为二次绕组电流；φ_2 为二次绕组的电压和电流的相位差。

变压器工作时，必然要有功率损失。输入功率和输出功率的差就是所损耗的功率，用 ΔP 表示，即

$$\Delta P = P_1 - P_2$$

变压器的功率损耗包括铜损 P_{Cu} 和铁损 P_{Fe} 两部分，铜损是由于一次绕组和二次绕组有电阻，电流流过电阻时要损耗一定的功率。负载变化时，通过绕组的电流要相应变化，所以铜损也随之变化。铁损是由于交变磁通在铁芯中产生磁滞损耗和涡流损耗。铁损的大小取决于电压，并与频率有关。基本关系是电流越大，铜损越大；频率越高，铁损越大。变压器总的功率损耗为

$$\Delta P = P_{Cu} + P_{Fe}$$

2. 变压器的效率

同机械效率的意义相同，变压器的效率是其输出（有功）功率 P_2 与输入功率 P_1 的比值，一般记作百分数，用字母 η_L 表示为

$$\eta_L = \frac{P_2}{P_1} \times 100\%$$

一般变压器的效率较高，大容量变压器的效率可达 98% ～ 99%，小型变压器效率为 70% ～ 80%。

四、安排练习

为了更好地完成任务，你需要回答以下问题：

（1）变压器的一次绕组、二次绕组的电压有效值之比等于_____，变压器的一次绕组、二次绕组的电流有效值之比等于_____。

（2）变压器一次绕组的匝数为 N_1，二次绕组的匝数为 N_2，则变压器的变压比 n 为_____。若_____，此类变压器为降压变压器；若_____，此类变压器为升压变压器。

（3）变压器的二次侧接上负载 Z_L 后，对电源而言，相当于接上阻抗为_____的负载。

（4）变压器的功率损耗包括_____和_____两部分。变压器工作时电流越大，_____越大；频率越高，_____越大。

（5）变压器的效率是指_____与_____的比值。

五、拓展与提高

变压器的空载运行

变压器的空载运行是指变压器的一次绕组接入电源，二次绕组开路的工作状态。此时，二次绕组没有电流，一次绕组中的电流就称为变压器的空载电流 i_0。空载电流产生空载交变磁场，在该磁场的作用下，一、二次绕组中会感应出电动势。

变压器空载运行时，虽然二次侧没有电流，不会产生功率输出，但一次侧仍然从电源吸取一部分的有功功率 P_0，来补偿空载电流在一次绕组中产生的铜损和交变磁通在铁芯内产生的铁损，从而产生空载损耗。对于不同容量的变压器，空载电流和空载损耗的大小是不同的。

空载电流 i_0 包含两个分量，一个是励磁分量 i_μ，称为磁化电流，其作用是建立磁场；另一个就是铁损分量 i_{Fe}，称为铁损电流，主要作用是供铁损耗。空载电流 i_0 与电源电压、频率、线圈匝数、磁路材质及几何尺寸有关，正常情况下，$i_0 = i_\mu + i_{Fe}$，但一般 $i_{Fe} < 10\% i_0$，所以可以认为 $i_0 \approx i_\mu$。

变压器空载运行时，一次绕组从电源中吸取了少量的电功率 P_0，主要用来补偿铁芯中的铁损以及少量的绕组铜损，可认为 $P_0 \approx P_{Fe}$。空载损耗约占额定容量的 0.2% ～ 1%，且随变压器容量的增大而下降。为减少空载损耗，改进设计结构的方向是采用优质铁磁材料，如优质硅钢片、激光化硅钢片或应用非晶态合金等。

任务三　三相变压器

一、任务描述

三相变压器实际上就是单相变压器的组合，三相变压器是电力工业常用的变压器，用于三相电力系统的升、降电压和配电等，如图 4-10 所示。

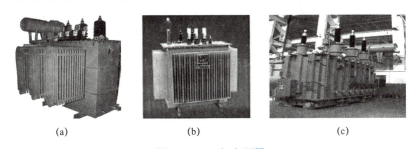

图 4-10　三相变压器
（a）配电变压器；（b）升压变压器；（c）降压变压器

日常生活中的电能是怎样来的？从发电厂到用户的送电过程示意图如图 4-11 所示，变压器在其中起到主要作用。在本节中，我们以油浸式电力变压器为例来学习三相变压器的结构和应用特点。

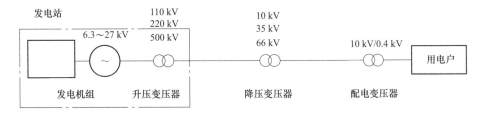

图 4-11　发电厂到用户的送电过程示意图

二、任务要点

（1）了解三相变压器的结构特点、接线方式。
（2）理解并掌握变压器绕组首端、尾端和同名端的概念。
（3）掌握变压器同名端的判断方法。
（4）能根据三相变压器绕组的接线方式判断并识别三相变压器连接组别。

三、知识链接

在电力系统的电气接线图中,变压器的图形符号如图 4-12 所示。

图 4-12 变压器的图形符号
(a)两绕组变压器;(b)三绕组变压器

(一)三相变压器的结构

三相变压器同样包括铁芯和绕组两个基本部分,其他结构部件包括油箱、绝缘套管、储油柜、安全气道等,油浸式电力变压器的外形结构如图 4-13 所示。

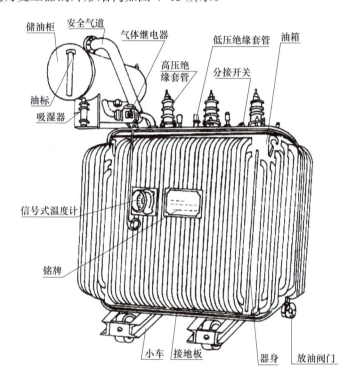

图 4-13 油浸式电力变压器的外形结构

1. 三相变压器的铁芯

铁芯是变压器中主要的磁路部分,也是器身的骨架。变压器的铁芯由铁芯柱和铁轭两部分组成。安装线圈的部分叫作铁芯柱,连接各铁芯柱使铁芯形成闭合磁路的部分叫作铁轭,如图 4-14 所示。

铁芯结构的基本形式有芯式和壳式两类,如图 4-15 所示。芯式是指线圈包围铁芯,这种形式结构简单,容易装配,省导线,适用于大容量、高电压变压器,所以电力变压器大多采用三相芯式铁芯。壳式铁芯结构是指铁芯包围

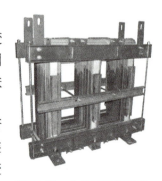

图 4-14 电力变压器铁芯

线圈，这种形式的铁芯易散热，用线量大，工艺复杂，通常应用于小型干式变压器或电压很低而电流很大的特殊场合，例如电炉用变压器。这时巨大的电流流过绕组将使绕组受到巨大的电磁力，壳式结构可以加强对绕组的机械支撑，使其能承受较大的电磁力。

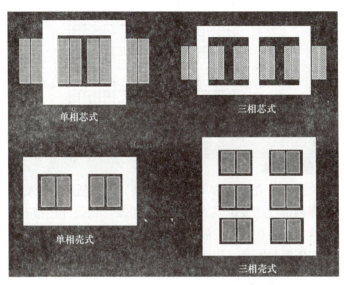

图 4-15 变压器铁芯结构

2. 三相变压器的绕组

绕组可分为同心式和交叠式两种。同心式绕组是将高低压绕组同心地套装在铁芯柱上。为了便于与铁芯绝缘，一般把低压绕组装在里面，高压绕组装在外面。对于低压大电流大容量变压器，由于低压绕组引出线很粗，也可以把它装在外面，如图 4-16 所示。

高低压绕组之间留有油道，既利于绕组散热，又可作为绕组间的绝缘。同心式绕组的结构简单，制造容易，常用于芯式变压器，是目前国产电力变压器的主流形式。

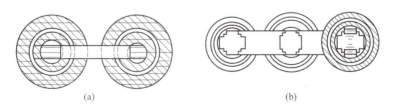

图 4-16 变压器同芯式绕组
(a) 单相；(b) 三相

交叠式绕组是将高低压绕组都绕制成盘状，交替套装在铁芯上。为了易于绝缘，一般最上层和最下层安放低压绕组，如图 4-17 所示。交叠式绕组具有漏抗小、机械强度高、引线方便的优点，主要用于壳式变压器中。

项目四 变压器

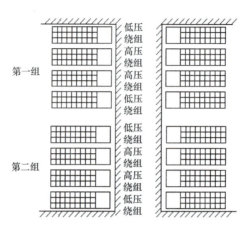

图 4-17 变压器交叠式绕组

3. 油浸式变压器的箱体

油浸式变压器的箱体总成由油箱（箱壳和箱盖）、高低压绝缘套管、储油柜、分接开关、呼吸器、防爆阀、气体及电器、温度计等组成，箱壳外还带有散热管/片（大型变压器用专业冷却器）及装在底部的放油阀等配件。它们的作用在于保证变压器安全可靠地运行。油浸式变压器的器身（绕组和铁芯）完全浸泡在油箱中的变压器油中，变压器油起到散热、灭弧、绝缘的作用。

1）储油柜。

其又叫油枕，位于油箱上部，下部通过油管与油箱连通，如图 4-18 所示。储油柜的容积一般为油箱容积的 1/10。其作用是给油的热胀冷缩留有缓冲余地，保持油箱内始终充满油；同时，减小了油与空气的接触面积，可减缓油的氧化。

2）呼吸器。

其又称吸湿器，装设在储油柜的下方或侧面。呼吸器主要由玻璃筒、干燥剂（变色硅胶）、底罩（盛油槽）、连接管等组成。

连接管上方伸进储油柜，且其上端高出储油柜

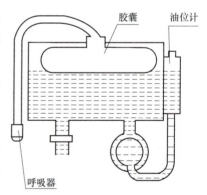

图 4-18 储油柜

内油面。呼吸器是变压器储油柜内部空间与变压器外部空间连接的通道。外部空气进入变压器内部时，空气先经过底罩内的变压器油过滤，再经干燥剂吸潮。呼吸器的作用是使油箱内、外压力保持一致，并减缓油箱内变压器油的氧化和受潮，延长其使用期限。

干燥剂（变色硅胶）在干燥情况下呈白色或浅蓝色，吸潮达到饱和状态时呈淡红色。饱和的硅胶在 140 ℃高温下烘焙 8 h 后可重复使用。

3）气体继电器。

它是变压器重要保护元件之一，如图 4-19 所示。气体继电器安装在变压器油箱与

储油柜之间连接管道的中部。其内部有一个带有水银开关的上浮筒和一块能带动另一个水银开关的挡板。

当变压器内部发生较轻故障时,变压器油分解产生的气体(瓦斯)会聚集在继电器顶盖下方,并迫使油面下降。当油面下降到一定位置时,上浮筒因失去平衡而下降,附在一起的水银开关就接通,于是发出警告信号。当变压器发生较严重故障时,变压器内

图 4-19 气体继电器

部产生大量气体,强烈的油、气流通过导管冲动气体继电器的下挡板,并使它失去平衡而接通另一只水银开关,于是接通变压器的断路器的跳闸回路,断路器跳闸;同时,重故障信号回路接通,信号继电器动作,发出重故障信号(重瓦斯动作信号)。

4)防爆管/压力释放阀

防爆管也叫作安全气道,一般装在变压器大盖上面,下端与变压器油箱相连,上端弯曲向外通向大气。其主要由钢管和安全阀片(低强度的玻璃膜片或酚醛树脂膜片)组成。当变压器内部发生放电等严重故障,内部压力剧增时,安全阀片被冲破,泄去变压器内部压力,防止变压器变形或爆炸。

5)绝缘套管

油浸式变压器一般采用瓷质绝缘套管,干式变压器采用树脂浇铸的套管。高、低压绝缘套管的作用是使高、低压绕组引线与油箱保持良好绝缘,并对引线予以固定。

(二)三相变压器的结构特点

三相变压器是由三个单相变压器按一定方式连接在一起组成的三相变压器组,如图 4-20 所示。三相变压器组各相之间只有电的联系,没有磁的联系。三相变压器的每一相就相当于一个独立的单相变压器,单相变压器的基本公式和分析方法适用于三相变压器中的任意一相。

三相变压器组的磁路特点:每相主磁通各有单独的通路,各相磁路互不联系,当变压器一次侧外施电压对称时,三相磁通 $\varPhi_A$、$\varPhi_B$、$\varPhi_C$ 也是对称的,三相空载电流也是对称的。

而一般电力变压器大多采用三相芯式结构,将三个铁芯柱用铁轭连在一起来构成三相芯式变压器,如图 4-21 所示。三相变压器各相之间既有电的联系,也有磁的联系。

三相芯式变压器的磁路系统是彼此相关的,每相主磁通都要借助另外两相磁路来闭合,由于三相变压器各相磁路长度不一样,A、C 相较长,B 相最短,三相磁阻也不一样。因此在外施三相对称电压时,三相空载电流是不相等的。显然,B 相的空载电流要比 A、C 两相的空载电流小。但是在带负荷情况下,由于空载电流的差别而带来的影响很小,可不予考虑。

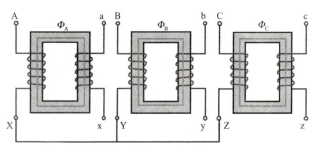

图 4-20　三相变压器组

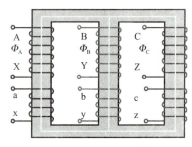

图 4-21　三相芯式结构

与三相变压器组相比，三相芯式变压器的材料消耗较少、价格便宜、占地面积小、维护比较简单。但对于大型和超大型变压器而言，为了便于制造和运输并减少电站的备用容量，往往采用三相变压器组。

（三）三相变压器绕组的连接方式

三相变压器绕组的连接有星形（Y形）和三角形（△形）两种方式。以高压侧为例，星形连接是将三相绕组的尾端 X、Y、Z 连接在一起，而把它们的三个首端 A、B、C 分别引出，如图 4-22 所示。

以低压侧为例，三角形连接是将三相绕组的首尾端顺次连接成闭合回路。如图 4-23 所示，三角形连接分为顺接和倒接两种接法。顺接是顺着电动势正方向按 ax—by—cz 的顺序连接，倒接是逆着电动势正方向，按 xa—yb—zc 的顺序连接。目前，新国标只有顺接方式。

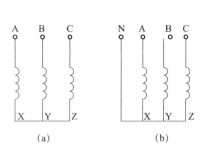

图 4-22　星形连接
（a）不带中性线；（b）带中性线

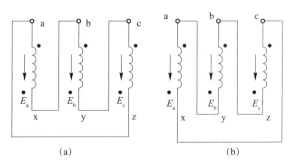

图 4-23　三角形连接
（a）顺接；（b）倒接

画三相变压器接线图时，如果高压侧是星形，低压侧是三角形，一般采用如图 4-24 所示的方法，把高压绕组画到上方，把低压绕组画到下方。

星形、三角形接线的高压绕组分别用大写字母 Y、D 表示；对应的低压绕组分别用小写字母 y、d 表示。当把高压侧接成星形，把低压侧也接成星形时，这就是 Y-y 接线；当把高压侧接成星形，把低压侧接成三角形时，就是 Y-d 接线。

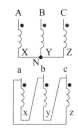

图 4-24　三相变压器接线图

对于星形接线来说，高压侧的中性点引出线在 Y 后附加大写的"N"表示；低压侧的中性点引出线在 y 后附加小写的"n"表示。

一共有九种组合的接线方式。不过，从安全、经济和实用的角度出发，许多接线方法是不宜采用的。例如，当用高压进行远距离输电时，为了经济，高压侧就不应该采用三角形接线；当用三台单相变压器组成三相变压器组时，为了避免三次谐波的影响，就不能采用 Y-y 形接线；为了安全，在某些情况下必须使用带中性线的接法等。

四、安排练习

为了更好地完成任务，你需要回答以下问题：

（1）铁芯结构的基本形式有_____和_____两类，绕组可分为_____和_____两种。

（2）三相变压器组与三相芯式变压器的主要区别：_____。

（3）三相变压器绕组的连接有_____和_____两种接线方式，分别用_____和_____表示。

（4）防爆管也叫作_____。

（5）三相变压器组各相之间只有_____的联系，没有_____的联系。

五、拓展与提高

连接组别的符号表示

三相变压器的连接组别就是给变压器的各种接线方法编的号码，从这些号码就可以知道变压器是怎样接线的。根据变压器的国际标准（IEC 60076-1）和国内标准（GB 1094.1—1996）的规定：三相变压器连接方式的连接组别是由字母和数字两部分组成的。例如：Yy4、Yd11、Dy11、YNd11 等，其中，字母表示接线方式，数字表示接线的组别。我国目前生产的变压器型号中，其组别编号只有 Yyn0、Yd11、YNd11、YNy0 和 Yy0 五种。其中，Yyn0 连接组是在低压侧引出中性点，便于 220 V 电器用户使用；YNd11 主要供高压输电使用。

判别三相变压器接线组别的工作，就是判别高压侧的电压跟低压侧的相应电压间的相位差。对于单相变压器来说，高压侧的电压跟低压侧的电压之间的相位差不是 0°，就是 180°。但是，对于三相变压器来说，它们之间的相位差在 0°～330°，间隔是 30°。因此，三相变压器的组别编号是根据低电压的相位落后于对应高电压的相位角的多少而定的，与一次侧和二次侧无关。

根据规定，"变压器高压、中压、低压绕组连接字母标志应按额定电压递减的次序标注"。在这里，要特别注意的是"按额定电压递减的次序标注"，而不是"按原边和副边的次序标注"。所以，当接线方式标志的排序为 YNd 时，并不是说一次侧一定是高压Y接线。

再根据规定，"三相变压器接线的组别编号是用时钟上时针的位置表示的"。这种方法的最大特点是把高压侧的相量作为基准,并把它定位在时间为零点的位置,把低压侧的相量作为时针对待。如果低压相量落后于高压的相量是 30°,就相当是 1 点钟,因此,这种接线的组别编号就是"1"。一般是用线电压的相量做比较的,并且是以 AB 相的电压作比较标准。例如,如果低压的线电压 U_{ab} 落后于高压侧的相应相量 U_{AB} 是 270°,那么它的组别编号就是"9"。但是,近几年的国际、国内标准都是采用相电压进行比较的方法,也就是说可以用相电压 U_{an} 落后 U_{AN} 的角度来判定组别。

任务四 电压互感器及电流互感器

一、任务描述

互感器是一种专供测量仪表、控制设备和保护设备使用的变压器。在高电压和大电流的电气设备和输电线中,不能直接用仪表去测量电压、电流。为此,必须用互感器将高电压、大电流变换为低电压、小电流,然后进行测量,这样可以保证测量人员的安全。

根据用途不同,互感器又可分为电压互感器和电流互感器。

二、任务要点

(1) 了解并掌握电压互感器和电流互感器的工作原理。
(2) 了解并掌握电压互感器和电流互感器的使用方式和特点。

三、知识链接

1. 电压互感器

图 4-25 所示为电压互感器的实物及实物接线图。

(a)

(b)

图 4-25 电压互感器的实物及实物接线图
(a) 实物;(b) 实物接线图

任务四 电压互感器及电流互感器

电压互感器的工作原理与普通变压器一样。使用时,将匝数多的一次侧绕组并联跨接在需要测量的供电线路上,而匝数少的一次侧低压绕组则与电压表相连,它先将被测的大电压变换成小电压,然后用仪表测出二次侧的电压 U_2,将其乘以变压比 n 就可以间接测出一次侧的大电压 U_1,其原理结构和接线图如图 4-26 所示。

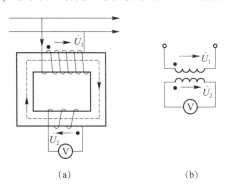

图 4-26 电压互感器的原理结构和接线图
(a) 原理结构;(b) 接线图

分析如下:

$$\frac{U_1}{U_2} = \frac{N_1}{N_2} = n$$

所以

$$U_1 = nU_2$$

当电压表与一台专用的电压互感器配套使用时,电压表的刻度就可按电压互感器测定的高压值标出,这样,不用经过计算就可以在电压表上直接读出高压线路的电压值。选择不同的 n 值就可以得到不同量程的交流电压表。

为了保证安全,使用电压互感器时必须将其铁壳和二次侧绕组的一端接地,以防止绝缘损坏二次侧绕组出现高压;二次侧绕组不能短路,因为二次侧绕组的阻抗很小,以防烧坏二次侧绕组。

2. 电流互感器

图 4-27 所示为电流互感器的实物及实物接线图。

电流互感器的工作原理也与普通变压器一样。使用时,将一次侧绕组与待测的负载串联,二次侧绕组与电流表串联成闭合电路。它先将被测的大电流变换成小电流,然后用仪表测出二次侧电流 I_2,将其除以变压比 n 就可以间接测出一次侧的大电流 I_1,其原理结构及接线图如图 4-28 所示。

图 4-27　电流互感器的实物及实物接线图
（a）实物；（b）实物接线图

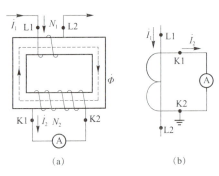

图 4-28　电流互感器的原理结构及接线图
（a）原理结构；（b）接线图

电流互感器的一次侧绕组是用粗导线绕成的，一般只有一匝或几匝，二次侧绕组的匝数要比一次侧多一些。根据变压器原理可知：

$$\frac{I_1}{I_2} \approx \frac{N_2}{N_1} = \frac{1}{n}$$

即

$$I_1 = \frac{1}{n}I_2$$

可见，通过负载的电流就等于所测电流和变压比倒数的乘积。如果电流表与一台专用的电流互感器配套使用，这个电流表的刻度就可按电流互感器测定的电流值标出。

在使用电流互感器时，应特别注意，绝对不能让电流互感器的二次侧开路，因为在二次侧开路时，二次侧绕组两端将产生很高的感应电动势容易造成危险。同时，电流互感器的铁芯和二次侧绕组一端均应可靠接地，以防止绝缘破损引起设备破坏及人身事故。电流互感器在接线时，还必须注意其端子的极性。

正常工作时，电流互感器的工作状态和普通变压器的最主要区别是电流互感器的一次侧电流不随二次侧的负载变化，它仅取决于一次侧电路的电压和阻抗；电流互感器二次侧电路所消耗的功率随二次侧电路阻抗的增加而增加，因为接到二次侧电路的都是内阻很小的仪表，如电流表以及电能表的电流线圈等，所以其工作状态接近短路状态。

常用的钳形电流表就是一种电流互感器，它是由一个同电流表接成闭合回路的二次侧绕组和一个铁芯构成的，其铁芯可开、可合。测量时，首先松开铁芯，把待测电流的一根导线放入钳口中，然后闭合铁芯，这时在电流表上就可以直接读出被测电流的大小，其测量方式如图4-29所示。

图 4-29 钳形电流表

四、安排练习

为了更好地完成任务，你需要回答以下问题：

（1）电压互感器本质上属于_____变压器，使用时，它先将一次侧绕组_____联在需要测量的供电线路上，被测的_____电压变换成_____电压，然后用仪表测出_____电压，将其乘以_____，就可以间接测出_____电压。

（2）电流互感器本质上属于_____变压器，使用时，它先将一次侧绕组_____联在需要测量的供电线路上，被测的_____电流变换成_____电流，然后用仪表测出_____电流，将其除以_____，就可以间接测出电流。

（3）在使用电压互感器时，应特别注意，绝对不能让电压互感器的二次侧_____路。在使用电流互感器时，应特别注意，绝对不能让电流互感器的二次侧_____路。

（4）使用电压互感器时必须将其铁壳和二次侧绕组的一端_____。

（5）常用的钳形电流表就是一种_____。

五、拓展与提高

自耦变压器

1. 结构特点

自耦变压器的铁芯上只有一个绕组，一次侧绕组的一部分兼作二次侧绕组。二次侧绕组是从一次侧绕组直接由抽头引出，其原理结构如图4-30（a）所示。自耦变压器可以输出连续可调的交流电压，因此又称自耦调压器，其实物图如图4-30（b）所示。自耦变压器的一次侧绕组和二次侧绕组之间不仅有磁的耦合，还有电的直接联系。

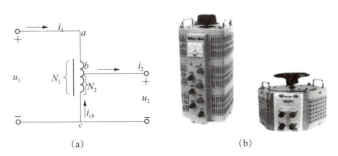

(a)   (b)

图 4-30 自耦变压器的原理结构和实物图
（a）原理结构；（b）实物图

2. 工作原理

自耦变压器与单相双绕组变压器一样，也可以用来变换电压与电流。其电压比和电流比与双绕组变压器相同，设变压器一次侧绕组的匝数为 N_1，输入电压为 U_1，电流为 I_1；二次侧绕组匝数为 N_2，输出电压为 U_2，电流为 I_2，则有

$$\frac{U_1}{U_2}=\frac{N_1}{N_2}=n$$

$$\frac{I_1}{I_2}=\frac{N_2}{N_1}=\frac{1}{n}$$

若保持 N_1 和 U_1 不变，移动触点 b 向上或向下，可以通过改变 N_2 的大小来改变输出电压。当然也能改变交变电流。

使用自耦变压器要注意以下几点：

（1）一次、二次侧绕组不能接错，否则会烧坏变压器。

（2）有些变压器的输入端有三个，用于 220 V 或 110 V 电源，不可将其接错，否则也会烧坏变压器。其输入端如图 4-31 所示。

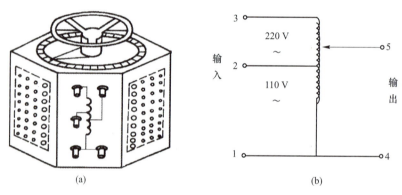

图 4-31 自耦变压器的输入端
(a) 实物图；(b) 电路图

（3）接通电源前，要将手柄转到零。接通电源后，渐渐转动手柄调出所需要的电压。

与普通双绕组变压器相比，在相同额定容量下，自耦变压器材料省、质量轻、损耗小、效率高。但由于自耦变压器的高、低压侧绕组在电路有连接，高压侧引起过电压也会影响到低压侧，必须采取一定的保护措施。

任务五　三相变压器的检测

一、任务描述

本节学习三相变压器的接线原理和接线方式，并且介绍怎样根据接线方式来判断三相变压器的连接组别。所谓"连接组别"，实际上就是弄清楚低压绕组上的电压的相位与对应的高压绕组上的电压相位相比时，低压落后多大相位角度。

计算和分析三相电路时，必须弄清楚这个问题，并做相应的技术处理，否则可能酿成重大事故。

二、任务要点

（1）理解并掌握变压器绕组首端、尾端和同名端的概念。
（2）掌握变压器同名端的判断方法。
（3）能根据三相变压器绕组的接线方式判断并识别三相变压器连接组别。

三、知识链接

（一）首端、尾端和同名端的概念

1. 变压器绕组的线路端子和首尾端

在国家标准中，用于连接电网导线的端子称为线路端子，跟线路端子连接的绕组端称为始端（或首端），线路端子的符号就是绕组的始端符号。高压绕组的始端通常用大写字母 A、B、C 或 U、V、W 表示；低压绕组的始端通常用小写字母 a、b、c 或 u、v、w 表示。同一个绕组的另一端称为尾端（或末端），高压绕组的尾端通常用大写字母 X、Y、Z 表示；低压绕组的尾端通常用小写字母 x、y、z 表示，具体如图 4-32 所示。

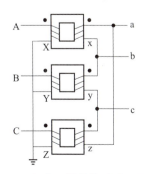

图 4-32　三相变压器的线路端子及其标记

2. 两个绕组的同名端

在交流电路里,变压器的感应电压方向与绕组的缠绕方向紧密相关。但是,当画电路图时,不便画出绕组的绕线方向,我们采用标出同名端的方法来解决,如图 4-33 所示。

图 4-33 所示为变压器的部分铁芯和缠绕在铁芯上的绕组,黑点是极性标志。分四种情况:图 4-33(a)是把绕制方向相同的两个绕组的始端作了标记(黑点)。图 4-33(b)的两个绕组的总体绕向虽然是相反的,但是从上面绕组的始端和下面绕组的末端来看,绕组的绕向还是相同的,因此,它们也是同名端。可见,从绕组的缠绕方向看,可以这样决定同名端:处于同一铁芯柱上的两个绕组中,实际缠绕方向相同的两个端子就是同名端。

如图 4-33(c)和图 4-33(b)所示的绕制情况,用绕制方向判断同名端比较困难,可以用右手螺旋定则来判断。方法是两个端子通入同一个电流时,绕组所产生的磁通是同向的,因而是相加的。这样的两个端子就是同名端。图 4-33 中的细线表示磁通的方向。

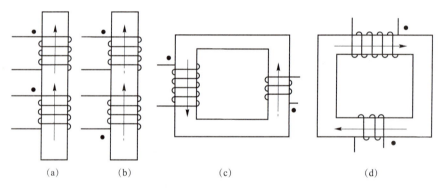

图 4-33 绕组的同名端标记

(a) 同侧绕向相同的两个绕组;(b) 同侧绕向相反的两个绕组;
(c) 不同侧绕向相同的两个绕组;(d) 不同侧绕向相反的两个绕组

分析同名端,除具有上述两个特点外,还具有以下特点:

(1) 如果把瞬变电流加到一个端子后,另一个绕组的同名端的电位会提高。电流如果从一侧的同名端进入,则从另一侧的同名端流出。

(2) 若有一个交变磁通跟这两个绕组交连,根据楞次定律可知,在两个绕组感生的电压是同相。

(3) 如果在一个绕组上供以电压,则会在另一个绕组上感生一个同方向的电压。

应该说明的是,在图 4-33 中,不标黑点的另一对端子也称为同名端。可见,同名端取决于两个绕组的绕线方向,绕线方向相同的两个端子就是同名端。如果两个绕组绕向相反,则可以把同名端标志也标反,这种标法还是同名端。

3. 首尾端和同名端的关系

从定义来看，始末端跟同名端似乎没有什么关系。但是，当判断绕组接线的组别时，必须考虑不同端子的不同用途。当始端确定以后，人们一般都把极性标志加到高压和低压绕组的始端。

（二）同名端的测试方法

如果变压器上的极性没有标志或标志不清楚，则可以通过简单试验确定。当用直流法测定时，可用如图 4-34 所示的接线方法。图 4-34 中的 E 是干电池，K 是开关。开关 K 闭合的瞬间，如果电压表（或直流毫伏表、毫安表）的指针向正方向偏转，就说明极性标志正确。原因：当电流 I_1 从一个绕组进入时，电流 I_2 会从另一个绕组的同名端流出。

也可以采用交流法试验，其接线如图 4-35 所示。如果电压表 V_2 的读数低于 V_1，则表明图 4-35 中的极性标志正确。原因：变压器两个绕组上的电压 u_1 和 u_2 如果是同相的，当把非极性端短路时，电压表 V_2 所测量的就是两侧电压之差，即 V_2 的读数小于 V_1 的读数。

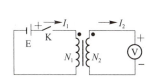

图 4-34　用直流法检验变压器绕组的极性

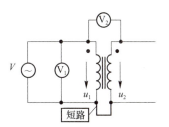

图 4-35　交流法

四、安排练习

为了更好地完成任务，你需要回答以下问题：

（1）三相变压器在国家标准中把用于连接电网导线的端子称为_____，与之连接的绕组端称为_____，把同一个绕组的另一端称为_____。

（2）三相变压器高压绕组的始端通常用_____或_____表示；低压绕组的始端通常用_____或_____表示。高压绕组的尾端通常用_____表示；低压绕组的尾端通常用_____表示。

（3）处于同一铁芯柱上的两个绕组中，同名端是指_____。

（4）同名端的判断可以用_____定则来判断，方法是_____。

（5）同名端的测试方法可以采用_____和_____。

五、拓展与提高

小型电源变压器

1. 结构特点

小型电源变压器广泛应用于电子仪器中,它一般有1～2个一次侧绕组和几个不同的二次侧绕组,这样的变压器也称多绕组变压器,可以根据实际需要连接组合,以获得不同的输出电压。图4-36所示为小型电源变压器原理图。

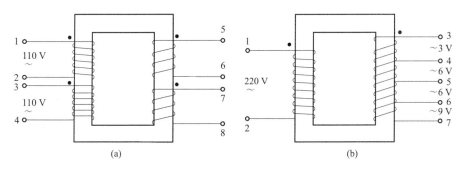

图4-36 小型电源变压器原理图
(a) 一次侧有2个绕组;(b) 一次侧只有1个绕组

2. 工作原理

图4-36(a)中有2个一次侧绕组,在接110 V电网时,两个绕组可单独使用或并联使用;当供电电网电压为220 V时,可将两个绕组串联起来使用。在各绕组进行串联和并联使用时要注意:绕组串联时应将绕组的异名端相接,绕组并联时应将同名端相接。

这种多绕组变压器各二次侧和一次侧绕组的电压关系仍符合变压比的关系,即

$$\frac{U_1}{U_2} = \frac{N_1}{N_2}$$

$$\frac{U_1}{U_3} = \frac{N_1}{N_3}$$

图4-36(b)中一次侧只有一个绕组,额定电压为220 V,而二次侧可根据需要自由选择连接,它可获得3 V、6 V、9 V、12 V、15 V、21 V及24 V等不同数值的电压。

复习思考题

1. 变压器的分类方式有很多,按用途可以分为哪几种?
2. 变压器的主要结构是怎样的?各部分有什么功能?
3. 变压器铁芯的作用是什么?为什么它要用表面涂有绝缘漆的硅钢片叠装而成?

任务五 三相变压器的检测

4. 一台变压器,原设计的频率为 50 Hz,现将它接到 60 Hz 的电网上运行,额定电压不变,铁耗将会发生什么变化?为什么?

5. 为了安全,机床上照明灯用的电压是 36 V,这个电压是把 220 V 的电压降压后得到的,如果变压器的一次侧绕组是 2 200 匝,那么二次侧绕组是多少匝?用这台变压器给 40 W 的白炽灯供电,如果不考虑变压器本身的损耗,一次侧绕组、二次侧绕组的电流各是多少?

6. 某晶体管收音机的输出变压器,其一次侧绕组的匝数为 240 匝,二次侧绕组的匝数为 80 匝,原配接扬声器的线圈阻抗为 16 Ω,现要改接 4 Ω 的扬声器而仍能保持阻抗匹配,问二次侧绕组应如何变动?

7. 某变压器工作时一次侧电压为 220 V,电流为 0.1 A,二次侧电压为 22 V,在接有电阻性负载时,测得电流为 0.8 A,试求变压器的效率和损失的功率。

8. 变压器原、副边额定电压的含义是什么?

9. 变压器空载和有载运行时,变压比是否改变?

10. 三相变压器有哪些标准组别?请用标准接线图方式绘出来。

11. 请从原理上分析,若减少变压器一次侧线圈匝数(二次侧线圈匝数不变),二次侧线圈的电压将如何变化?

12. 变压器一次侧线圈若接在直流电源上,二次侧线圈会有稳定直流电压吗?为什么?

13. 电压互感器二次侧为什么不允许短路?电流互感器二次侧为什么不能开路?

14. 试描述三相变压器绕组连接组别符号 Yyn0 的含义。

15. 解释变压器在电力系统中的作用。

16. 什么叫变压器的同名端?怎样用万用表和一节电池判断同名端?

17. 有一台 380/36 V 的变压器,在使用时不慎将高压侧和低压侧互相接错,当低压侧加上 380 V 电源后,会发生什么现象?为什么?

18. 变压器在运行中有哪些损耗?怎样减少损耗?

19. 某变压器铭牌型号为 S7-500/10,请解释其含义。

20. 什么是变压器的极性?在实用中有何作用?如何判别变压器极性?

21. 如图 4-37 所示,当滑动变阻器滑动触头逐渐向上移动时,接在理想变压器两端的四个理想电表示数发生怎样的变化?

22. 如图 4-38 所示,理想变压器副线圈通过导线接两个相同的灯泡 L_1 和 L_2。导线的等效电阻为 R。将开关 S 闭合,若变压器原线圈两端的电压保持不变,则下列说法正确的是(   )?

A.副线圈两端电压不变 B.涌过灯泡 L_1 的电流增大
C.原线圈中的电流小 D.变压器的输入功率减小

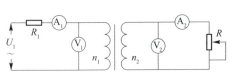

图 4-37 复习思考题 21 题图

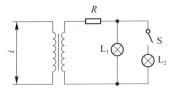

图 4-38 复习思考题 22 题图

23．如图 4-39 所示，可以将电压升高给电灯供电的变压器是（　　）？

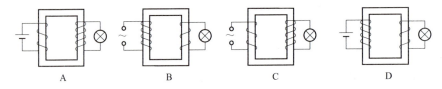

图 4-39 复习思考题 23 题图

24．图 4-40 所示为一自耦变压器的电路图，原线圈接在电压恒为 U 的正弦交流电源上，电流表 A_1、A_2 均为理想电表。当触头 P 向上移动时，下列说法正确的是（　　）？

A．A_1 读数变大

B．A_2 读数变小

C．变压器的输入功率变大

D．变压器的输入功率不变

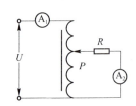

图 4-40 复习思考题 24 题图

25．理想变压器在原线圈输入电压不变的条件下，可采用哪些方法提高变压器的输入功率？

26．有一理想变压器，在其原线圈上串一熔断电流为 1 A 的熔丝后接到 220 V 交流电源上，副线圈接一可变电阻 R 作为负载，已知原、副线圈的匝数比 $n_1 : n_2 = 5 : 1$，问如果要保证熔丝不会熔断，可变电阻 R 的取值范围如何？

27．一台理想变压器原、副线圈匝数比为 10 : 1，原线圈接 $U = 100\sin100\pi t$ V 的交变电压，副线圈两端用导线接规格为"6 V、12 W"的小灯，已知导线总电阻 $R = 0.5\ \Omega$，试求：副线圈应接几盏小灯？这些小灯又如何连接才能都正常发光？

28．如图 4-41 所示，理想变压器的初级线圈接在交流电源上，次级线圈接有一个标有"12 V、100 W"的灯泡，已知变压器初、次级线圈的匝数比为 18 : 1，那么小灯泡正常工作时，图中电压表、电流表的读数分别为多少？

29．单相变压器的一次侧电压 $U_1 = 380$ V，二次侧电流 $I_2 = 21$ A，变压比 $K = 10.5$，试求一次侧电流和二次侧电压。

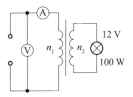

图 4-41 复习思考题 28 题图

30. 如图 4-42 所示，理想变压器原线圈输入电压为 220 V，副线圈输出电压为 36 V，两只灯泡的额定电压为 36 V，L_1 额定功率为 12 W，L_2 额定功率为 6 W。试求：

（1）原、副线圈的匝数比是多少？

（2）开关 S 闭合后，两灯均工作时原线圈的电流是多少？

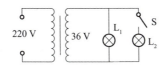

图 4-42　复习思考题 30 题图

项目五
电 动 机

学习目标

1. 掌握三相异步电动机的结构和工作原理。
2. 熟悉三相异步电动机的运行原理。
3. 掌握单相异步电动机的基本形式、工作原理。
4. 能熟练进行电动机的检测及连接。

任务一　三相异步电动机概况

一、任务描述

电动机是一种将电能转换为机械能的动力设备，应用十分广泛。按所需能源不同可分为交流电动机和直流电动机。交流电动机按工作原理不同可分为同步电动机和异步电动机。异步电动机具有结构简单、价格低廉、坚固耐用、使用维护方便等优点。目前，应用最广泛的电动机是三相交流异步电动机。本节介绍了三相异步电动机的结构、分类及铭牌数据，学习完该任务，应该非常熟悉三相异步电动机的基本结构，并具备安装、拆卸、维护及维修三相异步电动机的基本能力。

二、任务要点

（1）掌握三相异步电动机的基本结构。
（2）了解三相异步电动机的分类及主要系列。
（3）理解三相异步电动机铭牌数据的意义。

三、知识链接

（一）三相异步电动机的主要结构

三相异步电动机种类繁多，但基本结构均由定子和转子两大部分组成，定子和转子之间有空气隙。图 5-1 所示为三相交流笼型异步电动机的结构。

1. 定子

定子是指电动机中静止不动的部分，包括定子铁芯、定子绕组、机座、端盖和罩壳等部件，如图 5-2（a）所示。

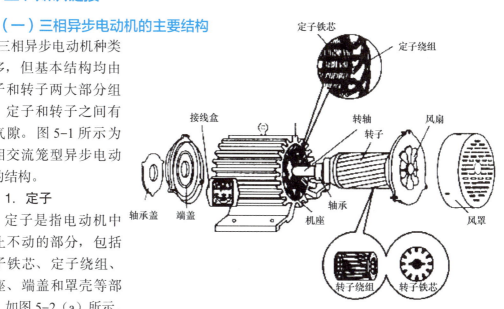

图 5-1　三相交流笼型异步电动机的结构

1）定子铁芯

定子铁芯是电动机的磁路部分，对铁芯的材料要求是既要有良好的导磁性能，剩磁小，又要尽量降低涡流损耗，一般用表面涂有绝缘漆的硅钢片叠压而成，其内圆周均匀分布一定数量的槽孔，用以嵌置三相定子绕组，如图 5-2（b）所示。

2）定子绕组

它是能量转换的"枢纽"，又称电枢绕组，它是异步电动机的电路部分。它由嵌放在定子铁芯槽中的线圈按一定规则连接成三相定子绕组，三相定子绕组的结构完全相同，每相绕组分布在几个槽内，在定子空间各相差 120°，整个绕组和铁芯固定在机壳上。线圈由绝缘铜导线或绝缘铝导线绕制。中小型三相电动机多采用圆漆包线，大中型三相电动机的定子线圈则用较大截面的绝缘扁铜线或扁铝线绕制。定子三相绕组有六个接线端子 U1、U2、V1、V2、W1、W2 从接线盒引出，如图 5-3 所示。

图 5-2　电动机定子
(a) 定子；(b) 定子铁芯

图 5-3　三相异步电动机接线盒

3）机座和端盖

机座的主要作用是支撑电动机各部件，因此应有足够的机械强度和刚度，微型电动机的机座采用铸铝件，小型电动机机座一般用铸铁浇铸成形，大型电动机多用钢板焊接而成。封闭式电动机的机座外面有散热筋以增加散热面积，防护式电动机的机座两端端盖开有通风孔，使电动机内外的空气可直接对流以利于散热。机座两端有两个端盖用以支撑转子轴。

2. 转子

转子由转子铁芯、转子绕组及转轴组成。

1）转子铁芯

转子铁芯是由 0.5 mm 厚的硅钢片叠压而成的圆柱体，其外圆周冲有槽孔，以便嵌置转子绕组，它是电动机磁路的一部分，如图 5-4（a）所示。一般小型异步电动机的转子铁芯直接压装在转轴上，大、中型异步电动机的转子铁芯则由转子支架压在转轴上。

2）转子绕组

转子绕组用来切割定子旋转磁场产生感应电动势和电流，并在旋转磁场的作用下受力而使转子转动。根据构造分两种形式：

1）笼型转子。笼型转子是在转子铁芯槽内压进铜条，铜条两端分别焊在两个铜环（端环）上，形成一个笼子形状，如图 5-4（b）所示。铜条转子如图 5-4（c）所示。中、小型电动机一般采用铸铝转子，将熔化的铝浇铸在转子铁芯槽中，连同短路端环以及扇叶一次浇铸成形。三相笼型异步电动机的图形符号如图 5-5 所示。

任务一 三相异步电动机概况

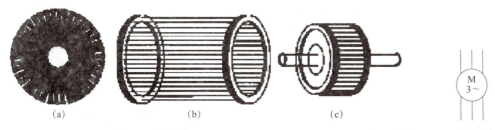

图 5-4 笼型转子

（a）转子铁芯；（b）笼型转子；（c）铜条转子

图 5-5 三相笼型异步电动机的图形符号

2）绕线转子。绕线转子绕组的结构形式与定子绕组相似，在铁芯槽内嵌置对称三相绕组并做星形连接。三个绕组的末端相连，各相绕组首端通过滑环和电刷可与外电路相连。绕线转子异步电动机转子的结构示意图如图 5-6（a）所示，外形如图 5-6（b）所示，三相绕线转子异步电动机的图形符号如图 5-6（c）所示。

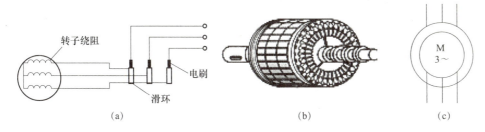

图 5-6 三相绕线转子异步电动机转子

（a）结构示意图；（b）绕线转子外形；（c）图形符号

绕线转子的特点是可以通过一组电刷把转子绕组从三个接线端引出来并与外电路相连接。外电路若与变阻器相连，调节该变阻器的电阻值就可达到调节电动机转速的目的，可人为改变电动机的机械特性。

3．其他附件

（1）轴承。轴承连接转动部分与不动部分，一般采用滚动轴承。

（2）轴承盖。轴承盖的作用是保护轴承，不使润滑油溢出。轴承盖用来固定转子，使转子不能轴向移动，另外起存放润滑油和保护轴承的作用，轴承盖采用铸铁或铸钢浇铸成形。

（3）风扇。风扇用铝材或塑料制成，起冷却作用。

（二）三相异步电动机的分类及主要系列

三相异步电动机一般为系列产品，其系列、品种、规格繁多，因而分类也较繁多。

1．按转子结构形式分类

三相异步电动机根据转子形式分为笼型转子电动机和绕线转子电动机。

三相笼型异步电动机结构简单、价格低廉、工作可靠，但其机械特性硬、启动转矩不大、调速时需要调速设备。其适用于调速性能要求不高的调速，如各种机床、水泵、通风机，与变频器配合使用可方便地实现电动机的无级调速。

项目五 电 动 机

图 5-7 所示为三相绕线转子异步电动机。其机械特性硬（转子串电阻后变软）、启动转矩大、调速方法多、调速性能和启动性能好。但其结构复杂、价格较贵、维护工作量大。其适用于要求有一定的调速范围、调速性能较好的机械，如桥式起重机；适用于启动、制动频繁且对启动、制动转矩要求高的生产机械，如起重机、矿井提升机、压缩机、不可逆轧钢机。

图 5-7　三相绕线转子异步电动机

2. 按电动机外壳防护结构分类

开启式：定子两侧与端盖上有很大的通风口，散热条件好。其适用于清洁、干燥的工作环境。

防护式：基座下侧有通风口，散热较好，可防止水滴、金属屑等杂物从与垂直方向成小于 45°的方向落入电动机内部，但不能防止潮气和灰尘的侵入。其适用于比较干燥、少尘、无腐蚀性和爆炸性气体的工作环境。

封闭式：基座和端盖上均无通风孔，是完全封闭的。这种电动机仅靠基座表面散热，散热条件不好。这种电动机多用于灰尘多、潮湿等各种恶劣的工作环境，如潜水泵电动机。

防爆式：在封闭式结构的基础上制成隔爆形式，机壳有足够的强度。其适用于有易燃、易爆气体的工作环境，如有瓦斯的煤矿井下、油库等。

3. 按电动机尺寸大小分类

大型电动机：定子铁芯外径 $D > 1\,000$ mm 或机座中心高 $H > 630$ mm。

中型电动机：定子铁芯外径 $D = 500 \sim 1\,000$ mm 或机座中心高 $H = 355 \sim 630$ mm。

小型电动机：定子铁芯外径 $D = 120 \sim 500$ mm 或机座中心高 $H = 80 \sim 315$ mm。

4. 按电动机冷却方式分类

电动机按冷却方式可分为自冷式、自扇冷式、他扇冷式等。

5. 按电动机的安装形式分类

IMB3：卧式，机座带底脚，端盖上无凸缘。

IMB5：卧式，机座不带底脚，端盖上有凸缘。

IMB35：卧式，机座带底脚，端盖上有凸缘。

6. 按电动机运行工作制分类

工作制是指三相电动机的运转状态，即允许连续使用的时间分为连续、短时、周期断续三种。

（三）三相异步电动机的铭牌

电动机和其他电气设备一样，在其铭牌上标有各种参数和运行条件。这对于正确使用电动机是有指导意义的。能够正确理解铭牌上参数的意义，是熟练技术人员必须具备的素质之一。三相异步电动机的铭牌如图 5-8 所示。

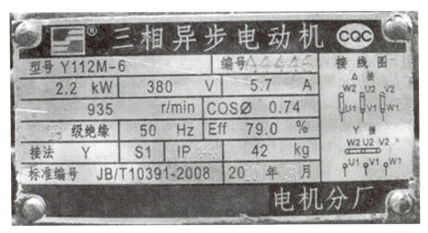

图 5-8 三相异步电动机的铭牌

1. 电动机型号（Y-112M-6）

该型号指国产 Y 系列异步电动机，中心机座高度为 112 mm，"M"表示中机座（"L"表示长机座，"S"表示短机座），"6"表示旋转磁场为六极（磁极对数 $p=3$）。我国生产的异步电动机的产品名称代号及意义见表 5-1。

表 5-1 我国生产的异步电动机的产品名称代号及意义

产品名称	新代号	意义	老代号
异步电动机	Y	异	J、JO、JS、JK
绕线式异步电动机	YR	异	JR、JRO
高启动转矩异步电动机	YQ	异起	JQ、JQO
多速异步电动机	YD	异多	JD、JDO
精密机床异步电动机	YJ	异精	JJO
大型绕线式高速异步电动机	YRK	异绕快	YRG

我国生产的异步电动机主要有以下系列：

（1）Y、Y2 及 Y3 系列。Y、Y2、Y3 系列电动机都是一般用途的全封闭自扇冷鼠笼型三相异步电动机，主要用于金属切削机床、通用机械、矿山机械和农业机械等。Y 系列电动机的基本防护等级为 P44，绝缘等级是 B 级；Y2 系列电动机的基本防护等级为 IP54，绝缘等级为 F 级；而 Y3 系列电动机的基本防护等级为 IP55，绝缘等级为 F 级。Y2、Y3 是升级后的 Y 系列普通三相异步电动机。现阶段 Y 系列等电动机的应用仍十分广泛，在国家越来越重视节能环保、提倡高能效的今天，Y 系列等三相异步电动机即将被能效等级为 2 的 YX3、YE3 系列高效节能电动机所取代。

（2）YD 系列是变极多速三相异步电动机。

（3）YR 系列是三相绕线式异步电动机。

（4）YZ 和 YZR 系列是起重和冶金用三相异步电动机。

（5）YB 系列是防爆式鼠笼异步电动机。

（6）YCT 系列是电磁调速异步电动机。

2. 额定功率 P_N（2.2 kW）

额定功率表示电动机在额定工作状态下运行时输出的机械功率。三相异步电动机的额定功率 P_N 与其他额定数据之间有如下关系

$$P_N = \sqrt{3} U_N I_N \cos\phi \eta_N \tag{5-1}$$

式中，P_N 是电动机的额定功率，单位 W；U_N 是电动机的额定电压，单位 V；I_N 是电动机的额定电流，单位 A；$\cos\phi$ 是电动机的功率因数；η_N 是电动机的效率。

3. 额定电压 U_N（380 V）

额定电压表示定子绕组上加的线电压。

4. 额定电流 I_N（5.7 A）

额定电流表示电动机额定运行时定子绕组的线电流。

5. 额定转速 n_N（935 r/min）

额定转速表示电动机在额定运行时转子的转速。

6. 防护方式（IP44）

防护方式表示电动机防止杂物与水进入的能力。它是由外壳防护标志字母 IP 后跟 2 位具有特定含义的数字代码进行标定的。防护方式第一位数字代码定义见表 5-2，第二位数字代码定义见表 5-3。

表 5-2　防护方式第一位数字代码定义

防护等级	定义	防护等级	定义
0	有专门的防护装置	4	能防止直径大于 1 mm 的固体侵入
1	能防止直径大于 50 mm 的固体侵入	5	防尘
2	能防止直径大于 12 mm 的固体侵入	6	完全防止灰尘进入壳内
3	能防止直径大于 25 mm 的固体侵入		

表 5-3　防护方式第二位数字代码定义

防护等级	定义	防护等级	定义
0	无防护	5	防止任何方向喷水
1	防滴	6	防止海浪或偏强力喷水
2	15°防滴	7	浸水级
3	防淋水	8	潜水级
4	防止任何方向溅水		

IP44 表示电动机外壳防护的方式为封闭式电动机,常见的还有 IP11,表示开启型,IP22、IP23 是防护型。

7. 频率 f(50 Hz)

频率表示电动机定子绕组输入交流电源的频率。

8. 工作制(工作制 S1)

工作制是指三相异步电动机的运转状态,即允许连续使用的时间,分为连续、短时、周期断续三种。

(1)连续(S1)。连续工作状态是指电动机带额定负载运行时,运行时间很长,电动机的温升可以达到稳态温升的工作方式。

(2)短时(S2)。短时工作状态是指电动机带额定负载运行时,运行时间很短,使电动机的温升达不到稳态温升,停机时间很长,使电动机的温升可以降到零的工作方式。

(3)周期断续(S3)。周期断续工作状态是指电动机带额定负载运行时,运行时间很短,使电动机的温升达不到稳态温升,停止时间也很短,使电动机的温升降不到零,工作周期小于 10 min 的工作方式。

9. 绝缘等级(B 级绝缘)

绝缘等级表示电动机各绕组及其他绝缘部件所用绝缘材料的等级。绝缘材料按耐热性能可分为 Y、A、E、B、F、H、C 七个等级,如表 5-4 所示。目前,国产 Y 系列电动机一般采用 B 级绝缘。

表 5-4 绝缘材料耐热性能等级

绝缘等级	Y	A	E	B	F	H	C
最高允许温度 /℃	90	105	120	130	155	180	大于 180

10. 功率因数 $\cos\phi$(0.74)

功率因数指在额定负载下定子电路的功率因数。

11. 效率 η_N(79.0%)

效率 η_N 指电动机在额定负载时的效率。它等于额定状态下输出功率与输入功率之比,即

$$\eta_N = \frac{P_{2N}}{P_{1N}} \times 100\% = \frac{P_{1N}}{\sqrt{3}\,U_N I_N \cos\phi} \times 100\%$$

12. 接法

铭牌上所标识的"接法"是指电动机定子绕组的连接方式,可分为Y连接和△连接两种。除铭牌上标出的参数之外,在产品目录或电工手册中还有其他一些技术数据。

13. 温升

温升指在额定负载时,绕组的工作温度与环境温度的差值。

14. 噪声量

噪声量指电动机噪声量的大致范围。

15. 振动量

振动量指电动机振动的情况。

例 5-1 某三相异步电动机的铭牌如图 5-9 所示,试根据铭牌数据计算该三相异步电动机的效率 η_N。

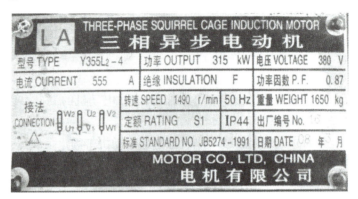

图 5-9 三相异步电动机的铭牌

分析：根据铭牌的数据可知额定功率 P_N、功率因数 $\cos\phi$、额定电压 U_N 和额定电流 I_N，代入公式 $P_N = \sqrt{3} U_N I_N \cos\phi \eta_N$ 即可计算出 η_N。

四、安排练习

为了更好地完成任务，你需要回答以下问题：

（1）三相交流异步电动机的转子根据转子绕组构造的不同分为_____、_____。

（2）三相异步电动机主要由_____和_____两部分组成。

（3）三相异步电动机的定子铁芯是用薄的硅钢片叠压而成，它是定子的_____路部分，其内表面冲有槽孔用来嵌放_____。

（4）三相异步电动机的三相定子绕组是定子的_____部分，空间位置相差 120°。

（5）电动机铭牌上的数据 U_N 指的是_____上加的_____。I_N 指的是电动机额定运行时_____。

五、拓展与提高

如何选择合适的三相异步电动机

三相异步电动机一般为系列产品，其系列、品种、规格繁多，因而分类也较繁多。三相异步电动机可以按照尺寸、外壳、机冷方式、安装、运行、转子结构等分类，所以我们在选择合适的产品的时候要考虑多方面因素。三相异步电动机应用范围比较广泛，高品质的产品对工作起到事半功倍的效果，所以如何选择合适的三相异步电动机，是一个非常重要的问题，我们可以从五个方面来分析。

（1）根据机械负载特性、生产工艺、电网要求、建设费用、运行费用等综合指标，合理选择电动机的类型。

（2）根据机械负载所要求的过载能力、启动转矩、工作制及工况条件，合理选择电动机的功率，使功率匹配合理，并具有适当的备用功率，力求运行安全、可靠、经济。

（3）根据使用场所的环境，选择电动机的防护等级和结构形式。

（4）根据生产机械的最高机械转速和传动调速系统的要求，选择电动机的转速。

（5）根据使用的环境温度、维护检查方便、安全可靠等要求，选择电动机的绝缘等级和安装方式。

（6）根据电网电压、频率，选择电动机的额定电压以及额定频率。

任务二　三相异步电动机的原理

一、任务描述

三相异步电动机是在定子旋转磁场和转子的相互作用下工作的。本节深入分析了三相异步电动机旋转磁场的形成过程，并从电磁感应原理的角度阐述了三相异步电动机的转动原理，为深入学习电动机及拖动知识奠定了基础。

二、任务要点

（1）了解三相异步电动机旋转磁场的产生过程。

（2）理解三相异步电动机的转动原理。

（3）掌握三相异步电动机的换向原理。

三、知识链接

（一）三相异步电动机的旋转磁场

三相异步电动机的定子铁芯上冲有均匀分布的铁芯槽，在定子空间各相差120°电角度的铁芯槽中布置有三相绕组 U1U2、V1V2、W1W2，并接成星形与三相电源 U、V、W 相连。在三相对称绕组中分别通入三相对称交流电流，随着电流在定子绕组中通过，在三相定子绕组中就会产生旋转磁场，如图 5-10 所示。

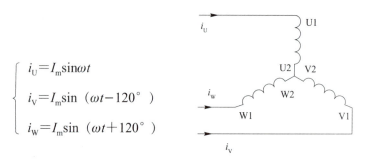

$$\begin{cases} i_U = I_m \sin\omega t \\ i_V = I_m \sin(\omega t - 120°) \\ i_W = I_m \sin(\omega t + 120°) \end{cases}$$

图 5-10　三相异步电动机定子接线

1. 旋转磁场的形成

（1）当 $\omega t = 0°$ 时，$i_U = 0$，U1U2 绕组中无电流；i_W 为负，V1V2 绕组中的电流从 V2 流入，从 V1 流出；i_V 为正，W1W2 绕组中的电流从 W1 流入，从 W2 流出；由右手螺旋定则可得合成磁场的方向如图 5-11（a）所示。

（2）当 $\omega t = 120°$ 时，$i_V = 0$，V1V2 绕组中无电流；i_U 为正，U1U2 绕组中的电流从 U1 流入，从 U2 流出；i_W 为负，W1W2 绕组中的电流从 W2 流入，从 W1 流出；由右手螺旋定则可得合成磁场的方向如图 5-11（b）所示，可见合成磁场顺时针转过 120°。

（3）当 $\omega t = 240°$ 时，$i_W = 0$，W1W2 绕组中无电流；i_U 为负，U1U2 绕组中的电流从 U2 流入，从 U1 流出；i_V 为正，V1V2 绕组中的电流从 V1 流入，从 V2 流出；由右手螺旋定则可得合成磁场的方向如图 5-11（c）所示，可见合成磁场顺时针旋转 120°。

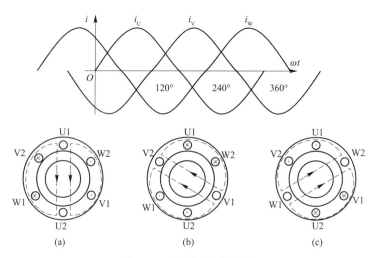

图 5-11　旋转磁场的形成
(a) $\omega t = 0°$；(b) $\omega t = 120°$；(c) $\omega t = 240°$

继续按上述方法分析可知，在三相对称绕组中分别通入三相对称交流电流，它们将产生各自的交变磁场。三个交变磁场在定子、转子与空气隙中合成为一个沿定子内圆旋转的两极旋转磁场。当定子绕组中的电流变化一个周期时，合成磁场也按电流的相序方向在空间旋转一周，产生的合成磁场也不断地旋转，因此称为旋转磁场。

2. 旋转磁场的方向

根据对旋转磁场形成过程的分析可知，旋转磁场的方向是由三相绕组中电流相序决定的，若想改变旋转磁场的方向，只要改变通入定子绕组的电流相序，即将三根电源线中的任意两根对调即可。

3. 旋转磁场的转速

旋转磁场的转速为

$$n_1 = \frac{60 f_1}{p} \quad (5-2)$$

式中，n_1 为三相异步电动机旋转磁场的转速即同步转速，单位（r/min）；p 为磁极对数，磁极数是磁极对数的两倍；f_1 为通入定子绕组的交流电的频率，单位（Hz）。旋转磁场的转速 n_1 取决于电流频率 f_1 和磁场的磁极对数 p。对某一异步电动机而言，f_1 和 p 通常是一定的，所以磁场转速 n_1 是个常数。在我国，工频 $f_1 = 50$ Hz，不同磁极对数旋转磁场的转速如表 5-5 所示。

表 5-5 不同磁极对数旋转磁场的转速

磁极对数 p	1	2	3	4	5
旋转磁场转速 n_1/（r·min^{-1}）	3 000	1 500	1 000	750	600

旋转磁场的磁极对数 p 与定子绕组的空间排列有关。通过适当的安排，可以制成两对、三对或更多对磁极的旋转磁场。

（二）三相异步电动机的转动原理及转差率

1. 异步电动机运转原理

图 5-12 所示为一台三相异步电动机定子与转子剖面图，内圆为转子，外圆为定子。

向三相定子绕组通入三相交流电后，在定子、转子及其空气内产生一个旋转磁场。该旋转磁场以同步转速 n_1 顺时针方向旋转，旋转磁场将切割转子导体，在转子导体中产生感应电动势。由于转子导体为闭合回路，因此，该电动势将在转子导体中形成感应电流，电流方向可用右手定则判定。

产生电流的转子导体在旋转磁场中受到电磁力的作用，用左手定则判断转子受力 F 的方向。电磁力对转子转轴形成电磁转矩，使转子沿旋转磁场的方向（顺时针方向）旋转。

电动机转子的旋转方向与旋转磁场的方向一致，因此，要改变三相异步电动机的旋转方向只需要改变旋转磁场的转向即可。将电动机三根电源线的两根对调，电动机的旋转方向就可以改变，如图 5-13 所示。

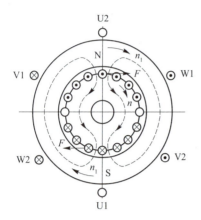

图 5-12　三相异步电动机定子与转子剖面图

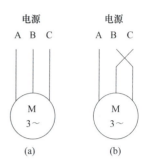

图 5-13　电动机的换向
（a）正转；（b）反转

三相异步电动机中的电磁关系同变压器类似，定子绕组相当于变压器的原绕组，转子绕组（一般是短接的）相当于副绕组。给定子绕组接上三相电源电压，定子中就有三相电流通过，此三相电流产生旋转磁场，其磁力线通过定子和转子铁芯而闭合，这个磁场在转子和定子的每相绕组中都要感应出电动势。

2. 转差率 s

电动机转子转动方向与磁场旋转的方向相同，但转子的转速 n 不可能与旋转磁场的转速 n_1 相等，否则转子与旋转磁场之间就没有相对运动，因而磁力线就不切割转子导体，转子电动势、转子电流以及转矩也就都不存在。也就是说，旋转磁场与转子之间存在转速差，因此我们把这种电动机称为异步电动机，又因为这种电动机的转动原理是建立在电磁感应基础上的，故又称为感应电动机。

转差率 s 是用来表示转子转速 n 与磁场转速 n_1 相差程度的物理量，即

$$s = \frac{n_1 - n}{n_1} \tag{5-3}$$

转差率是异步电动机的一个重要的物理量。

当旋转磁场以同步转速 n_1 开始旋转时，转子则因机械惯性尚未转动，转子的瞬间转速 $n=0$，这时转差率 $s=1$。转子转动起来之后，$n>0$，n_1-n 差值减小，电动机的转差率 $s<1$。异步电动机正常状态下运行时，转差率 s 在 0～1 变化。异步电动机空载运行时，转速与同步转速一般很接近，转差率很小，在额定工作状态下为 0.015～0.06。

根据式（5-3）可以得到电动机的转速常用公式

$$n = (1-s) n_1 \tag{5-4}$$

例如：例 5-1 的三相异步电动机额定转速（即转子转速）$n_N = 1\,490$ r/min，其同步转速 $n_1 = 1\,500$ r/min，则额定转差率 $s_N = \frac{n_1 - n_N}{n_1} \approx 0.007$。一般情况下，异步电动机额定转差率为 0.02～0.06。

四、安排练习

为了更好地完成任务，你需要回答以下问题：

（1）在三相对称绕组中分别通入三相对称交流电流，它们将在定子、转子与空气隙中产生一个_____的磁场，该磁场称为旋转磁场。

（2）若想改变旋转磁场的方向，只要改变_____，即将三根电源线中的_____即可，这时，转子的旋转方向也跟着改变。

（3）某电动机型号为 Y112 M-6，其磁极对数为_____，将其三相定子绕组通入 50 Hz 的交流电，其转速为_____。

（4）三相异步电动机在静止状态或刚接上电源时，对应的转差率为_____，在额定状态下运行时，额定转差率为_____。

（5）三相异步电动机中的电磁关系同变压器类似，定子绕组相当于变压器的_____，转子绕组（一般是短接的）相当于_____。

五、拓展与提高

三相异步电动机的维护和保养

1. 启动前的准备和检查

（1）检查电动机启动设备接地是否可靠，接线是否正确。

（2）检查电动机铭牌所示电压和电源电压是否相符。

（3）新安装的和长期停用的电动机启动前应检查其相间和接地绝缘电阻，对地绝缘电阻应大于 0.5 Ω，若低于此值应将绕组进行烘干再用。

（4）检查电动机转动是否灵活，轴承内是否缺油。

（5）检查电动机所用断路器、接触器和热继电器的额定电流是否符合要求。

（6）检查电动机各紧固螺栓及安装螺栓是否拧紧。

上述各检查全部达到要求后，可启动电动机，电动机启动后，注意观察电动机是否有异常现象，如发现噪声、振动、发热等不正常情况，应采取措施，待情况消除后才能投入运行。

2. 运行中的维护

（1）电动机应保持清洁，不允许有杂物放在电动机外壳上，风扇罩处必须保持空气流通，便于电动机散热。

（2）用仪表查看电源电压及电动机的负载电流，电动机负载电流不得超过铭牌上规定的电流值，否则要查明原因消除不良情况后才能继续运行。

（3）采取必要手段检查电动机各部分温度（轴承处、端盖、外壳等）。

（4）电动机运行后应定期维修，一般分小修、大修。小修属一般检修，对电动机不做大的拆卸（主要检查电动机外部端盖、固定电动机螺栓及联轴器之间有无松动，电器灰尘清扫等），一季度一次。大修要将所有传动装置和电动机的端盖、轴承拆卸下来，进行全面的清洗和检查，将不合格的部件更换下来，一般一年一次。

任务三　三相异步电动机的连接

一、任务描述

三相异步电动机是一种把电能转化为机械能的电工设备，是应用最为广泛的动力用电动机，电动机在使用中需要与继电器控制系统连接。本节介绍了三相异步电动机与控制及保护装置的连接，并在此基础上介绍了三相异步电动机定子绕组的Y/△连接。

二、任务要点

（1）掌握利用继电器控制三相异步电动机实现Y/△连接。
（2）会根据实际情况选择三相异步电动机定子绕组的连接形式。
（3）掌握三相异步电动机与控制及保护装置的选择及连接。

三、知识链接

（一）三相异步电动机与控制及保护装置的连接

1. 电动机控制装置的选择及连接

（1）对于功率在 0.5 kW 以下的电动机，允许用插座对电源通断进行直接控制。若进行频繁操作，则应在插座板上安装熔断器。

（2）对于功率在 3 kW 以下的电动机，可采用 HK 系列开启式负荷开关，开关的额定电流必须大于电动机额定电流的 2.5 倍。而对于功率在 3 kW 以上的电动机，可选用 HZ 系列组合开关、DZ5 系列小型低压断路器、CJ10 型或 CJ20 型交流接触器等。

（3）对于功率较大的电动机，因启动电流较大，为了不影响其他电气设备的运行和保证线路安全可靠，必须加装启动设备，减小启动电流。

（4）小型电动机在不频繁进行换向、变速等操作时，可只用一个开关。

（5）需频繁操作开关，或进行换向和变速操作时，需要安装两级开关。前一级开关作控制电源用，称为控制开关，常用封闭式负荷开关、低压断路器和转换开关。后一级开关用来直接操作电动机，称为操作开关。如果用启动器，则启动器就是操作开关。

（6）电动机操作开关必须安装在既便于监视电动机和设备运行状况，又便于操作且不易因被人触碰而造成误动作的位置。操作开关的安装位置，还应保证操作者操作时的安全，通常安装在电动机的右侧。

2. 电动机保护装置的选择与连接

（1）熔断器及熔体的规格必须大于电动机额定电流的 2～3 倍。常用于电动机保护的熔断器有 RC 系列和 RL 系列。

（2）熔断器安装时，熔断器必须与开关安装在同一控制板上或同一控制箱内。凡作为保护用的熔断器，必须安装在控制开关的后级和操作开关（包括启动开关）的前级。

（3）用低压断路器作控制开关时，应在低压断路器的前一级加装一个熔断器作双重保护。当热脱扣器失灵时，能由熔断器起保护作用，同时可兼作隔离开关之用，以便维修时切断电源。

（4）三相回路中分别安装的熔体的规格、型号应相同，并应串联在三根相线上。

（5）热继电器与电动机连接时，热继电器的热元件一般靠近电动机侧，交流接触器三对主触头接在热继电器的热元件前面。热继电器的热元件靠近电动机侧，可直接检测电动机的过载情况，更直接可靠。反过来接，当接触器主触点接触不良时，会造成误检测。

（二）三相交流异步电动机 Y、△ 连接

1. 三相交流异步电动机 Y、△ 连接的基本形式

三相异步电动机的定子铁芯槽中嵌放的三相绕组有 6 个出线端 U1、U2、V1、V2、W1、W2。这 6 个出线端置于电动机接线盒中，U1U2、V1V2、W1W2 为电动机的同一相绕组。三相绕组的 6 个接线柱分为上下两排，并规定下排 3 个接线柱从左至右编号为 U1、V1、W1，上排从左至右编号为 W2、U2、V2，维修时均应按这个编号排列，如图 5-14 所示。

如图 5-15 所示，把 W2、U2、V2 用导线连接在一起，把来自电源的 3 根相线分别与 U1、V1、W1 连接，即为 Y 连接。用导线分别把 W2 和 U1、U2 和 V1、V2 和 W1 连接在一起，把来自电源的 3 根相线分别与 U1、V2、W1 连接，即为 △ 连接。

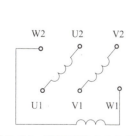

图 5-14 三相异步电动机的接线

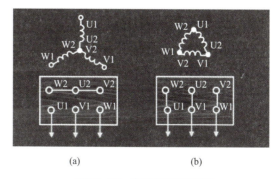

图 5-15 电动机的接线板
(a) 星形接线；(b) 三角形接线

定子三相绕组的连接方式取决于绕组的额定电压和电源的相电压的关系：当每相绕组的额定电压等于电源的相电压时，绕组应做星形连接；当每相绕组的额定电压等于电源的线电压时，绕组应做三角形连接。

在电网电压已定的条件下,根据电动机铭牌标明的额定电压与"接法",确定电动机的连接方式。若铭牌上标明电压为"380 V","接法"标明为"△",则定子绕组应做△连接;若铭牌上标明电压为"380 V/220 V",接法标明为"Y/△",则当电源线电压为 380 V 时,定子绕组应做Y连接;当电源线电压为 220 V 时,定子绕组应做△连接。

电动机Y连接时加在每相绕组上的电压为电源线电压的 $1/\sqrt{3}$,电动机△连接时加在每相绕组上的电压等于电源线电压,因此,在同一电源的作用下,采用Y连接的线电流等于△连接的线电流的 1/3,但启动转矩也只有采用△连接的 1/3。

2. 三相交流异步电动机的 Y 连接和△转换

为了使三相交流异步电动机在运行过程中Y连接和△连接能够根据电路的要求相互转换,电气控制线路中通常利用两个接触器来控制电动机的定子绕组的连接,通过控制电路来控制两种连接形式的相互转换。

将接触器 KM3 一侧的主触点用导线短接,将接触器 KM3 另外一侧的触点与电动机的 W2、U2、V2 接线柱连接在一起,W1、U1、V1 与接触器的热元件相连,然后通过接触器 KM1 接电源。当 KM3 线圈通电后,电动机Y连接;利用接触器 KM2 将三相交流异步电动机接线柱 U1 与 W2、V1 与 U2、W1 与 V2 连接在一起,U1、V1、W1 接热继电器的热元件,然后通过接触器 KM1 接电源,电动机△连接。电气控制线路如图 5-16 所示。

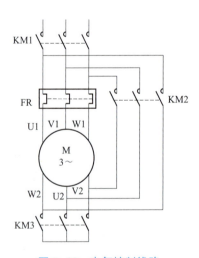

图 5-16 电气控制线路

四、安排练习

为了更好地完成任务,你需要回答以下问题:

(1)一电动机铭牌上标有电压"380/220 V",接法标明为"Y/△",是指当电源线电压为 380 V 时，定子绕组应_____连接；当电源线电压为 220 V 时，定子绕组应_____连接。

（2）凡作为保护用的熔断器，必须安装在_____的后级和_____的前级。

（3）三相交流异步电动机需_____或_____和变速操作时，则需要安装两级开关。前一级开关作控制电源用，称为_____，常用封闭式负荷开关、低压断路器和转换开关。后一级开关用来直接操作电动机，称为_____。

（4）熔断器及熔体的规格必须大于电动机额定电流的_____倍。常用于电动机保护的熔断器有_____系列和_____系列。

（5）将如图 5-17 所示的电气原理图补充完整，使该电路图主电路能实现 Y-△ 转换。

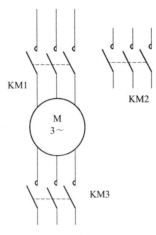

图 5-17　电气原理图

五、拓展与提高

三相异步电动机的拆卸

电动机在使用过程中因检查、维护等，需要经常拆卸、装配。只有掌握正确的拆卸装配技术，才能保证电动机的修理质量。拆卸电动机之前，必须拆除电动机与外部电气连接的连线，并做好相位标记。

1. 拆卸步骤

三相异步电动机拆卸的基本步骤：切断电源→做有关标记→拆卸带轮→拆卸联轴器→拆卸风扇罩→拆卸风扇→拆卸后端盖螺钉→拆卸前端盖→抽出转子→拆卸轴承。

2. 主要部件的拆卸方法

1）带轮或联轴器的拆卸

（1）用记号笔记好带轮的正反面，以免安装时装反。

（2）在带轮（或联轴器）的轴伸端做好标记，如图 5-18 所示。

（3）松下带轮或联轴器上的压紧螺钉或销子。

（4）在螺钉孔内注入煤油。

（5）按图5-18所示的方法安装好拉具，拉具螺杆的中心线要对准电动机轴的中心线，转动丝杠，掌握力度，把带轮或联轴器慢慢拉出，切忌硬拆。在拆卸过程中，严禁用锤子直接敲击带轮，避免造成带轮或联轴器碎裂，使轴变形、端盖受损。

然后拆除风扇罩、风叶卡环、风叶，拆除卡环时要使用专用的卡环钳，并注意防止弹出伤人，拆除风叶时最好使用拉具，避免风叶变形损坏。

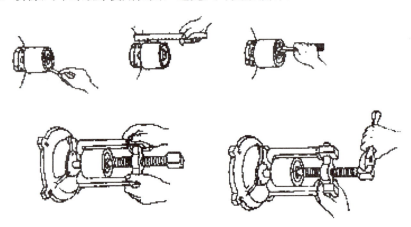

图 5-18　联轴器的拆卸

2）拆卸端盖、抽转子

拆卸前，先在机壳与端盖的接缝处（止口处）做好标记以便复位。均匀拆除轴承盖及端盖螺栓，拿下轴承盖，再用两个螺栓旋于端盖上两个顶丝孔中，两螺栓均匀用力向里转（较大端盖要用吊绳将端盖先挂上）将端盖拿下（无顶丝孔时可用铜棒对称敲打卸下端盖，但要避免过重敲击以免损坏端盖）。对于小型电动机，抽出转子是靠人工进行的，为防手滑或用力不均碰伤绕组，应用纸板垫在绕组端部进行。

3）轴承的拆卸、清洗

拆卸轴承应先用适宜的专用拉具按图5-19所示的方法夹持轴承，拉力应着力于轴承内圈，不能拉外圈，拉具顶端不得损坏转子轴端中心孔（可加些润滑油脂），拉具的丝杠顶点要对准转子轴的中心，缓慢匀速地扳动丝杠。在轴承拆卸前，应将轴承用清洗剂洗干净，并检查是否损坏，是否需要更换。

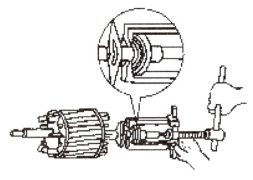

图 5-19　轴承的拆卸

任务四　电动机的检测

一、任务描述

电动机在使用一段时间后，由于机械磨损、电气磨损或操作不当等可能出现故障，在电动机维修之前，我们需要利用仪表对其进行检测。本节介绍了常见的三相异步电动机检测技能，通过本任务的学习，掌握三相异步电动机定子绕组首尾端的识别及标识，并能熟练测量电动机的电流、冷态电阻及绝缘电阻。

二、任务要点

（1）掌握三相定子绕组冷态直流电阻的测量。
（2）能熟练地测量电动机的绝缘电阻。
（3）能熟练地判别电动机定子绕组的首尾端。
（4）会测量电动机的空载电流及启动电流。

三、知识链接

检查电动机时，应按先外后里、先机后电、先听后检的顺序，即先检查电动机外部，后检查电动机内部；先检查机械方面，再检查电气方面；先听使用者介绍使用情况，再动手检查。

1. 机械部分的检测

首先对电动机外观、电动机外部接线等项目进行详细检查，然后查看电动机的端盖、轴承盖等安装是否符合要求，紧固部分是否牢固可靠，转动部分是否轻便灵活，转动是否有摩擦声和异常声响。

2. 测三相定子绕组冷态直流电阻

电动机冷态直流电阻按电动机的功率可分为高电阻和低电阻，电阻在 10 Ω 以上的为高电阻，电阻在 10 Ω 以下的为低电阻。高电阻可用万用表测量，将万用表置于低电阻量程挡，在电动机接线盒中，取下全部连接铜片，依次测量 U1—U2、V1—V2、W1—W2 之间的直流电阻。测低电阻时必须用精度高的电桥。测量后，若阻值小，则为正常现象；若阻值为 0，则说明绕组内部短路；若阻值为 ∞，则说明绕组内部开路；三相绕组阻值一般较小且大小基本相等，若三相绕组直流电阻值相差大于 2%，则阻值较小的一相绕组可能存在匝间短路。

3. 测量电动机的绝缘电阻

测量交流电动机的绝缘电阻时，若各相绕组和首末端都引出了机壳外，则应断开各相间的连接线，分别测量每相绕组对机壳的绝缘电阻，然后测量各相间的绝缘电阻，即相间绝缘电阻。若绕组只有首端或末端引出机壳外，则只能测量绕组对机壳的绝缘电阻。通常测量电动机绝缘电阻是"冷态"，即电动机不工作时的电阻。因电动机运行时绕组会发热造成电动机各部分电阻变化，绝缘电阻也会随着温度的升高而减小。

检测前应检验一下兆欧表的好坏。将兆欧表水平放置，空摇兆欧表，指针应该指到"∞"处，再慢慢摇动手柄，使 L 和 E 两接线柱输出线瞬时短接，指针应迅速指零。注意在摇动手柄时不得让 L 和 E 短接时间过长，否则将损坏兆欧表。

测量时，将绝缘电阻表接地的一端与电动机机壳相接，另一端依次与所测绕组相接，以 120 rad/min 的转速均匀转动绝缘电阻表摇柄，等指针稳定后读取数值，即为绕组对地的绝缘电阻值。如果所测量的电阻在 0.5 MΩ 以上，则说明被测电动机绝缘良好；若绝缘电阻在 0.5 MΩ 以下或接近零，则说明电动机绕组已受潮或绝缘很差。如果被测量绝缘电阻值为 0，同时有的接地点还发出放电声或出现微弱的放电现象，则表明绕组已接地；若有时指针摇摆不定，则说明绝缘已被击穿。

绕组间的绝缘电阻是用绕组的 6 个引出线接头来测量的。测量时可将表的两个接头轮流接到各相邻两绕组的引出线接头上，逐次测量各相间的绝缘电阻值。若电阻很小或者为零，则说明两相绕组相间短路。

对于额定电压在 500 V 以下的电动机，一般用 500 V 绝缘电阻表测量；对于额定电压在 500～3 000 V 的电动机，可用 1 000 V 绝缘电阻表测量；对于额定电压在 3 000 V 以上的电动机，可用 2 500 V 绝缘电阻表测量。

4. 电流的测量

1）空载电流的测量

将三相交流电源加在三相交流电动机上。在通电前还需用手转动转子，看电动机转动是否灵活。通电一段时间观察电动机运转的情况，如转速是否正常、是否有不正常的声音、振动是否过大、是否有异味等。如果电动机运转正常，则可用钳形电流表分别测量三相的空载电流，各相空载电流值的偏差一般不应大于 10%。用钳形电流表进行空载测量时，如果电动机的空载电流较小，而钳形电流表的量程又较大，无法正确读数，则可将被测相的电源进线分别绕上 5 圈（或 10 圈）后再卡入钳形电流表的钳口中进行读数，此时实际的空载电流值为被测量值除以 5（或 10）。

2）启动电流的测量

将钳形电流表量程置于较大的挡位（为电动机额定电流的 7～10 倍），电动机静止时用钳口卡住一根电源线，通电使电动机启动，观察电动机启动瞬间的启动电流。

5. 三相异步电动机定子绕组首尾端的识别

三相异步电动机的定子绕组必须按一定的规则嵌线和接线。如果接错，绕组中的电流方向相反，就不能产生旋转磁场，因而电动机就不能正常运行。同时，由于磁场不平衡，电动机会产生剧烈的振动和异常噪声，此时，定子绕组中三相电流严重不平衡，电流增大，温度上升，甚至会使电动机的定子绕组烧坏。因此，定子绕组首尾端的判定十分重要。六个接线端的首尾端判别方法主要有以下三种。

1）干电池法

（1）用万用表电阻挡（一般选用 $R\times100$）测出各相绕组的两线端，电阻值最小的两线端为一相绕组的线端，利用此方法将三相绕组分开。

（2）按图 5-20 所示的方法接线，将万用表选择开关切换到直流电流挡（或直流电压挡），量程可小些，这样指针偏转明显。闭合电池开关的瞬间，若万用表指针摆向右侧（大于零的一侧），则连接电池正极的接线端与万用表负极（黑表笔）所连接的接线端同为首端（或同为末端）。为了便于记忆，我们将此方法步骤简称为"右黑正"。

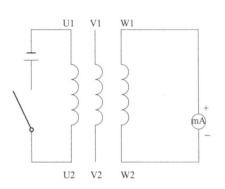

（3）再将万用表连接另一相绕组的两接线端，用上述方法判定首末端即可。

图 5-20　用干电池判断电动机的首末端

2）剩磁法

（1）用万用表电阻挡判别出同一相绕组的两线端，方法同前。

（2）给分开后的三相绕组做假设编号，分别为 U1、U2、V1、V2、W1、W2。

（3）按图 5-21 所示的方法接线，用两根导线分别将 U1、V1、W1 连接在一起，将 U2、V2、W2 连接在一起。

（4）将万用表选择在毫安挡，两表笔分别搭接在两组连接导线上，转动电动机转子，由于电动机定子及转子铁芯中通常均有少量的剩磁，当磁场变化时，在三相定子绕组中将有微弱的感应电动势产生，观察万用表指针是否偏转。若万用表指针不偏转，则说明假设的编号是正确的；若万用表指针偏转，则说明其中有一相绕组的首末端假设编号有误，应逐相对调重测，直至万用表指针不偏转为止。

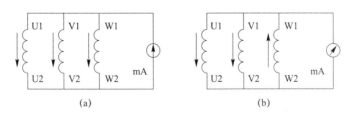

图 5-21　用剩磁法判断电动机的首末端
（a）正确；（b）错误

3）交流电源法

（1）用万用表欧姆挡先将三相绕组分开，方法同前。

（2）对分开后的三相绕组的六个接线端进行假设编号，分别为 U1、U2、V1、V2、

W1、W2。

（3）将任意两相绕组串联后与交流电压表连接，将另一相绕组接 36 V 低压交流电源，如图 5-22 所示。接通电源后，若电压表有读数，则说明两绕组连接在一起的端钮为异名端；若电压表无读数，则说明两绕组连接在一起的端钮为同名端。

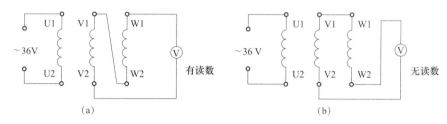

图 5-22　交流电源法判断电动机的首末端
（a）电压表有读数；（b）电压表无读数

例 5-2　判别异步电动机定子绕组的首尾端。

现场工具材料：常用电工工具、万用表、干电池、三相异步电动机、导线等。电动机上有六个接线柱 A、B、C、X、Y、Z（注：接线面板下面线的原有标准顺序已改动，已设定 B 端点为 V1）。要求：

（1）判别三相定子绕组，请将绕组（U1U2、V1 V2、W1W2）填入表 5-6 对应括号内；

（2）判别首尾端，请将首尾（U1-U2：V1-V2：W1-W2）填写到表 5-6 对应的括号内；

（3）在表 5-6 所示的图中连线，根据考生识别的绕组首尾端，在端子上连线示意电动机绕组Y连接。

表 5-6　首尾端判断记录表格

项目内容	结果记录	配分	得分
找三相对应绕组	Z（　）　X（　）　Y（　）	10	
判别绕组的首尾端	○　○　○ ○　○　○	15	
绕组Y连接		12	
安全文明操作（考评员填写）	A（　）　B（V1）　C（　）	5	

分析：

将万用表转换至电阻挡，一个表笔接触电动机接线柱 B（V1），题目已设定 B 为首端，另一表笔分别接触其余的接线柱，测出电阻值，电阻值最小的两线端为一相绕组的线端，则此时另一表笔接触的接线柱为 V2。按照同样的方法测出其余的两相绕组，并在表 5-6 对应的表格中填上 U1U2、W1W2。

利用干电池法测出与V1同为首端的接线柱，在表 5-6 对应的表格中标上首端标识1，另外一端标上末端标识2。

将 U1、V1、W1 三个接线柱用导线连接在一起，电动机为Y连接。

四、安排练习

为了更好地完成任务，你需要回答以下问题：

（1）测量三相定子绕组冷态直流电阻时，高电阻用_____测量，低电阻用_____测量。

（2）测量三相定子绕组的冷态直流电阻时，若阻值为 0，则说明绕组内部_____；若阻值为∞，则说明绕组内部_____。

（3）测量绕组对地的绝缘电阻值时将绝缘电阻表接地的一端与_____相接，另一端依次与_____相接，以 120 rad/min 的转速均匀转动绝缘电阻表摇柄，等指针稳定后读取数值，此数值即为绕组对地的绝缘电阻值。如果所测量的电阻在_____Ω 以上，则说明被测电动机良好。

（4）对于额定电压在 500 V 以下的电动机一般用_____V 绝缘电阻表测量；对于额定电压在 500～3 000 V 的电动机，可用_____V 绝缘电阻表测量。

（5）利用"干电池法"判断电动机首尾端时，闭合开关的瞬间，若万用表指针摆向大于零的一侧，则连接电池_____极的接线端与微安表_____极所连接的接线端同为首端（或同为末端）。

五、拓展与提高

三相异步电动机常见故障原因及维修方法一

三相异步电动机的故障种类很多，但一般可分为两大类：一类是电气方面的故障，如各种类型开关、按钮、熔断器、定子绕组、转子及启动设备等的故障；另一类是机械方面的故障，如轴承、风叶、机壳、联轴器、端盖、轴承盖、转轴等的故障。

电动机发生故障会出现一些异常现象，如温度升高、电流过大、发生振动和有异常声音等。检查、排除电动机的故障时，应首先对电动机进行仔细观察，了解故障发生后出现的异常现象；然后通过异常分析原因，找出故障所在；最后排除故障。下面是三相异步电动机常见的故障及排除方法。

（1）通电后电动机不能转动，但无异响，也无异味和冒烟。

①故障原因：

a．电源未通（至少两相未通）；

b．熔丝熔断（至少两相熔断）；

c．过流继电器调得过小；

d．控制设备接线错误。

②故障排除：

a．检查电源回路开关、熔丝、接线盒处是否有断点，予以修复；

b．检查熔丝型号、熔断原因，换新熔丝；

c．调节继电器整定值与电动机配合；

d．改正接线。

（2）通电后电动机不转，然后熔丝烧断。

①故障原因：

a. 缺一相电源；

b. 定子绕组相间短路；

c. 定子绕组接地；

d. 定子绕组接线错误；

e. 熔丝截面过小；

f. 电源线短路或接地。

②故障排除：

a. 检查刀闸是否有一相未合好，电源回路是否有一相断线；

b. 查出短路点，予以修复；

c. 消除接地；

d. 查出误接，予以更正；

e. 更换熔丝；

f. 消除接地点。

（3）通电后电动机不转，有嗡嗡声。

①故障原因：

a. 定、转子绕组有断路（一相断线）或电源一相失电；

b. 绕组引出线始末端接错或绕组内部接反；

c. 电源回路接点松动，接触电阻大；

d. 电动机负载过大或转子卡住；

e. 电源电压过低；

f. 小型电动机装配太紧或轴承内油脂过硬；

g. 轴承卡住。

②故障排除：

a. 查明断点予以修复；

b. 检查绕组极性，判断绕组末端是否正确；

c. 紧固松动的接线螺栓，用万用表判断各接头是否假接，予以修复；

d. 减载或查出并消除机械故障；

e. 检查是否把规定的△接法误接为Y接法，是否由于电源导线过细使压降过大，予以纠正；

f. 重新装配使之灵活，更换合格油脂；

g. 修复轴承。

（4）电动机启动困难，额定负载时，电动机转速低于额定转速较多。

①故障原因：

a. 电源电压过低；

b. △接法电动机误接为Y；

c. 笼型转子开焊或断裂；

d. 定转子局部线圈错接、接反；

e. 修复电动机绕组时增加匝数过多；

f. 电动机过载。

②故障排除：

a. 测量电源电压，设法改善；

b. 纠正接法；

c. 检查开焊和断点并修复；

d. 查出误接处，予以改正；

e. 恢复正确匝数；

f. 减载。

（5）电流不平衡，三相相差大。

①故障原因：

a. 重绕时，定子三相绕组匝数不相等；

b. 绕组首尾端接错；

c. 电源电压不平衡；

d. 绕组存在匝间短路、线圈反接等故障。

②故障排除：

a. 重新绕制定子绕组；

b. 检查并纠正；

c. 测量电源电压，设法消除不平衡；

d. 消除绕组故障。

任务五　单相异步电动机

一、任务描述

单相异步电动机是利用单相交流电源供电的一种小容量交流电动机。单相异步电动机只需要单相交流电，并且有结构简单、成本低廉、噪声小、对无线电系统干扰小等优点，故使用方便、应用广泛。本节剖析了单相异步电动机的结构，分析了单相异步电动机的工作原理，介绍了几种常见的单相异步电动机，为单相异步电动机的维修、维护、安装及调试打下坚实的基础。

二、任务要点

（1）掌握单相异步电动机的结构。
（2）理解单相异步电动机的工作原理。
（3）了解单相异步电动机的启动过程。

三、知识链接

无论是什么类型的单相异步电动机，其结构与三相异步电动机基本相同，都是由定子、转子、启动元件等组成。图 5-23 所示为单相异步电动机的基本结构。

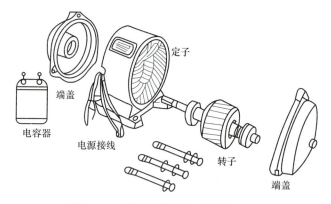

图 5-23 单相异步电动机的基本结构

（一）单相异步电动机的基本结构

1. 定子

单相异步电动机的定子包括定子铁芯、定子绕组、机座、端盖等。

（1）定子铁芯。定子铁芯多用铁损小、导磁性能好、厚度为 0.35～0.5 mm 的硅钢片冲槽叠压而成，定子冲片上都均匀冲槽，槽内嵌放定子绕组。单相罩极式电动机的定子铁芯采用凸极形状，也用硅钢片冲制叠压而成。定子铁芯的作用是作为磁通的通路。

（2）定子绕组。单相异步电动机的定子绕组一般都采取两相绕组的形式，即工作绕组（又称主绕组）和副绕组（又称启动绕组）。主、副绕组的轴线在空间相差 90° 电角度，两相绕组的槽数、槽形、匝数可以是相同的，也可以是不同的。一般主绕组占定子总槽数的 2/3，副绕组占定子总槽数的 1/3，但应视各种电动机的要求而定。

定子绕组的导线都采用高强度聚酯漆包线，线圈在线模上绕好后，嵌放在备有槽绝缘的定子槽内。导线经浸漆、烘干等绝缘处理后，可以提高绕组的机械强度和导热性能。

（3）机座与端盖。机座由铸铁、铸铝和钢板制成，其作用是固定定子铁芯，并借助两端端盖与转子连成一个整体，使转轴上输出机械能。机座的结构形式取决于电动机的使用场合及冷却方式。单相异步电动机的机座形式一般分为开启式、防护式、封闭式等几种。

开启式结构的定子铁芯和绕组外露,由周围空气自然冷却,多用于与整机装成一体的使用场合,如洗衣机等。防护式结构是在电动机的通风路径上开一些必要的通风孔道,而电动机的铁芯和绕组则被机座遮盖。封闭式结构是整个电动机采用密闭方式,电动机的内部与外部隔绝,防止外界的侵蚀与污染,电动机内部的热量由机座散发。当散热能力不足时,外部再加风扇冷却。

另外,有些专用电动机可以不用机座,直接把电动机与整机装成一体,如电钻、电锤等手提电动工具。

2. 转子

转子是电动机的旋转部分,电动机的工作转矩就是从转子轴输出的。单相异步电动机一般均采用鼠笼式转子。转子主要由转子铁芯、轴和转子绕组等组成。

(1) 转子铁芯。转子铁芯由硅钢片叠成,转子硅钢片的外圆上冲有嵌放绕组的槽。轴经滚花后压入转子铁芯。转子铁芯多采用斜槽结构,槽内经铸铝加工而形成铸铝条,在伸出铁芯两端的槽口处,用两个端环把所有铸铝条都短接起来形成鼠笼式转子。铸铝条和端环通称为转子绕组。整个转子由上、下端盖的轴承定位。

(2) 转子绕组。转子绕组用于切割定子磁场的磁力线,在闭合回路的铸铝条(导体)中产生感应电动势和感应电流,感应电流所产生的磁场和定子磁场相互作用,在导体上将会产生电磁转矩,从而带动转子启动旋转。

3. 启动元件

单相异步电动机没有启动力矩,不能自行启动,需在副绕组电路上附加启动元件才能启动运转。启动元件有电阻、电容器、耦合变压器、继电器、PTC元件等多种,因而可以构成不同类型的电动机。

(二) 单相异步电动机

单相异步电动机通常按获得启动转矩的方法不同来分类,常用的有电容分相式、电阻分相式及罩极式。

1. 电容分相式单相异步电动机

电容分相式单相异步电动机的定子电路如图 5-24 所示。

定子有两个在空间互差 90°的绕组 U1U2、V1V2。其中 U1U2 为工作绕组,流过的电流为 i_2。V1V2 绕组中串有电容器,为启动绕组,流过的电流为 i_1。适当选择电容器 C 的容量,可使两个绕组中的电流相位差为 90°,这样在空间上互成 90°的两相绕组通入互差 90°的两相交流电,便产生了旋转磁场,如图 5-25 所示。

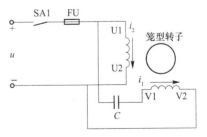

图 5-24 电容分相式单相异步电动机定子电路

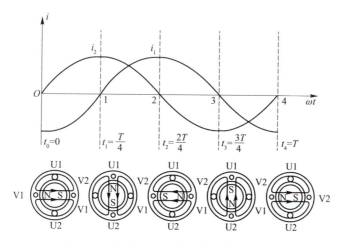

图 5-25　互差 90° 的两相电流的旋转磁场

在旋转磁场的作用下，电动机的转子就会沿旋转磁场方向旋转。

2. 电阻分相式单向异步电动机

电阻分相式单相异步电动机采用在启动绕组中串入电阻的方法，使得两相绕组中的电流在相位上存在一定的角度，从而产生旋转磁场。

3. 罩极式单相异步电动机

罩极式单相异步电动机是结构最简单的一种单相异步电动机，电动机定子铁芯一般做成凸极式，单相绕组绕在磁极上，在磁极约 1/3 处套一短路铜环，就好像把这部分磁极罩起来一样，所以称为罩极式单相异步电动机，转子仍为笼型，如图 5-26 所示。

如图 5-27 所示，磁极绕组通入单相交流电 i，铁芯中便产生交变磁通，短路环中产生感应电流。由楞次定律可知，感应电流产生的磁场将阻碍原来磁场的变化，短路环使罩极下穿过的磁通 Φ_2 滞后于未罩铜环部分穿过的磁通 Φ_1，如同磁通总是从未罩部分向罩极移动，好像磁场在旋转，从而使笼型转子获得启动转矩，受力而旋转。

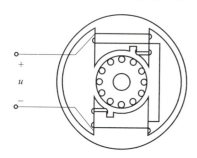

图 5-26　罩极式单相异步电动机

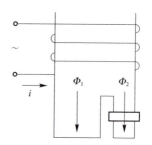

图 5-27　罩极式单相异步电动机旋转磁场的产生

罩极式单相异步电动机不能改变转向（磁场总是从未罩部分向罩极移动），其启动转矩较分相式单相异步电动机的启动转矩小。

四、安排练习

为了更好地完成任务，你需要回答以下问题：

（1）单相异步电动机，其结构与三相异步电动机基本相同，都是由_____、_____、启动元件等组成。

（2）单相异步电动机的定子绕组，一般都采取两相绕组的形式，即_____和_____。两绕组的轴线在空间相差 90°电角度。

（3）单相异步电动机通常按获得_____的方法不同来分类，常用的有_____分相式、_____分相式及罩极式。

（4）电容分相式单相异步电动机定子有两个在空间互差_____的绕组，适当选择电容器 C 的容量，可使两个绕组中的电流相位差为_____，这样便产生了沿定子和转子空气隙旋转的旋转磁场。

（5）罩极式单相异步电动机磁极通入单相交流电，铁芯中便产生交变磁通，罩极下穿过的磁通_____于未罩铜环部分穿过的磁通，如同磁通总是从_____部分向_____移动，好像磁场在旋转，从而获得启动转矩。

五、拓展与提高

三相异步电动机常见故障原因及维修方法二

（1）电动机空载、过负载时，电流表指针不稳、摆动。

①故障原因：

a. 笼型转子导条开焊或断条；

b. 绕线型转子故障（一相断路）或电刷、集电环短路装置接触不良。

②故障排除：

a. 查出断条予以修复或更换转子；

b. 检查绕线转子回路并加以修复。

（2）电动机空载电流平衡，但数值大。

①故障原因：

a. 修复时，定子绕组匝数减少过多；

b. 电源电压过高；

c. Y 连接电动机误接为△连接；

d. 电动机装配中，转子装反，使定子铁芯未对齐，有效长度减短；

e. 气隙过大或不均匀；

f. 大修拆除旧绕组时，使用热拆法不当，使铁芯烧损。

②故障排除：

a. 绕定子绕组，恢复正确匝数；

b. 设法恢复额定电压；

c. 改接为Y；

d. 重新装配；

e. 更换新转子或调整气隙；

f. 检修铁芯或重新计算绕组，适当增加匝数。

（3）电动机运行时响声不正常，有异响。

①故障原因：

a. 转子与定子绝缘纸或槽楔相擦；

b. 轴承磨损或油内有砂粒等异物；

c. 定、转子铁芯松动；

d. 轴承缺油；

e. 风道填塞或风扇擦风罩；

f. 定、转子铁芯相擦；

g. 电源电压过高或不平衡；

h. 定子绕组错接或短路。

②故障排除：

a. 修剪绝缘，削低槽楔；

b. 更换轴承或清洗轴承；

c. 检修定、转子铁芯；

d. 加油；

e. 清理风道，重新安装；

f. 消除擦痕，必要时车内小转子；

g. 检查并调整电源电压；

h. 消除定子绕组故障。

（4）运行中电动机振动较大。

①故障原因：

a. 由于磨损轴承间隙过大；

b. 气隙不均匀；

c. 转子不平衡；

d. 转轴弯曲；

e. 铁芯变形或松动；

f. 联轴器（带轮）中心未校正；

g. 风扇不平衡；

h. 机壳或基础强度不够；

i. 电动机地脚螺栓松动；

j. 笼型转子开焊断路，绕线定子断路。

②故障排除：

a. 检修轴承，必要时更换；

b. 调整气隙，使之均匀；

c. 校正转子动平衡；

d. 校直转轴；

e. 校正重叠铁芯；

f. 重新校正，使之符合规定；

g. 检修风扇，校正平衡，纠正其几何形状；

h. 进行加固；

i. 紧固地脚螺栓；

j. 修复转子绕组，修复定子绕组。

(5) 电动机过热甚至冒烟。

①故障原因：

a. 电源电压过高，使铁芯发热大大增加；

b. 电源电压过低，电动机又带额定负载运行，电流过大使绕组发热；

c. 修理拆除绕组时，采用热拆法不当烧伤铁芯；

d. 定、转子铁芯相擦；

e. 电动机过载或频繁启动；

f. 笼型转子断条；

g. 电动机缺相，两相运行；

h. 定子绕组重绕后定子绕组浸漆不充分；

i. 环境温度高，电动机表面污垢多或通风道堵塞；

j. 电动机风扇故障，通风不良，定子绕组故障（相间、匝间短路，定子绕组内部连接错误）。

②故障排除：

a. 降低电源电压（如调整供电变压器分接头），若是电动机Y、△接法错误引起，则应改正接法；

b. 提高电源电压或换相的供电导线；

c. 检修铁芯，排除故障；

d. 消除擦点（调整气隙）；

e. 减载，按规定次数控制启动；

f. 检查并消除转子绕组故障；

g. 恢复三相运行；

h. 采用二次浸漆及真空浸漆工艺；

i. 清洗电动机，改善环境温度，采用降温措施；

j. 检查并修复风扇，必要时更换，检修定子绕组，消除故障。

项目五 电 动 机

复习思考题

1. 三相笼型异步电动机的结构如图 5-28 所示，请说出图中各个数字所代表的电动机的部件名称，并说明其功能。

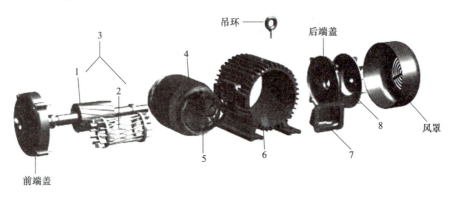

图 5-28 复习思考题 1 题图

2. 三相异步电动机的转子线圈已自成闭路，那么其中的电流是如何产生的？电磁转矩是如何产生的？

3. 三相异步电动机转子的转向是由什么决定的？怎样改变三相异步电动机转子的转向？

4. 什么叫转差率？电源频率 = 50 Hz，磁极对数 $p = 3$，三相异步电动机的同步转速 n 等于多少？当转差率 $s = 0.03$、$s = 0$ 和 $s = 1$ 时，转子的转速 n 各等于多少？

5. 三相异步电动机的同步转速 $n_1 = 1\,500$ r/min，它的磁极对数 p 是多少？电动机的转速 $n = 1\,445$ r/min 时，转差率 s 等于多少？

6. 异步电动机的转速为什么会低于旋转磁场的转速？

7. 单相异步电动机如果没有启动绕组，也没有采取其他措施产生启动转矩，能够自行启动吗？为什么？

8. 三相异步电动机的三相电源线断开了一根，若这种情况出现在启动时，会发生什么问题？若出现在电动机运行过程中，会发生什么问题？

9. 简述罩极式单相异步电动机的旋转原理。

10. 如何改变单相异步电动机的转向？如何改变三相异步电动机的转向？

11. 什么叫旋转磁场？它是怎样产生的？

12. 如何改变旋转磁场的转速？如何改变旋转磁场的转向？

13. 试画图分析三相异步电动机定子绕组中通入三个大小相等、相位相同的交流电时，在定子与转子及空气隙中产生的磁场情况。

14. 为什么三相异步电动机又称为三相感应电动机？

15. 实训室有一台三相异步电动机，其铭牌如图 5-29 所示，根据铭牌的数据，试计算该三相异步电动机的功率因数、转差率的大小。

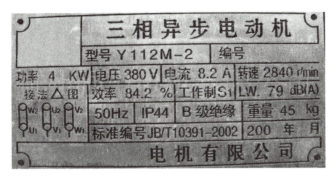

图 5-29 复习思考题 15 题图

16. Y2-160M-4 三相异步电动机的额定转速 $n = 2\,950$ r/min，$f_1 = 50$ Hz，求转差率。

17. 已知 Y160L-2 型三相异步电动机磁极对数 $p = 2$，电源频率 $f_1 = 50$ Hz，转差率 $s = 0.03$，求电动机的转速 n。

18. 某台进口设备上的三相异步电动机频率为 100 Hz，现将其接在 50 Hz 交流电源上使用。问电动机的实际转速是否会改变？若改变，是升高还是降低？为什么？

19. 为什么三相异步电动机定子铁芯和转子铁芯均用硅钢片叠压而成？能否用钢板或整块钢制作？为什么？

20. 三相笼型异步电动机主要由哪些部分组成？各部分的作用是什么？

21. 三相笼型异步电动机和三相绕线转子异步电动机结构上的主要区别有哪些？

22. 分别比较三相异步电动机和三相变压器的相同之处及不同之处。

23. 一台吊扇采用电容运行单相异步电动机，通电后无法启动，而用手按动扇叶后即能运转，这是由哪些故障造成的？

24. 如何改变电容分相式单相异步电动机的旋转方向？

25. 三相异步电动机的接线盒如图 5-30 所示，在图 5-30（a）中将接线盒中的接线柱用直线连接，使三相异步电动机为Y连接。在图 5-30（b）中将接线盒中的接线柱用直线连接，使三相异步电动机为△连接。

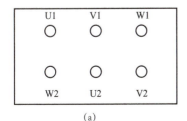

(a)

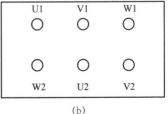

(b)

图 5-30 复习思考题 25 题图

26. 简述利用剩磁法判断三相异步电动机首末端的步骤并说明该操作方法的原理。

27. 一台三相异步电动机的技术数据为 $P_N = 2.2$ kW，$n_N = 1\,430$ r/min，$\eta_N = 0.82$，$\cos\Phi = 0.83$，为 220/380 V。求Y接法和△接法时的额定电流。

28. 简述利用兆欧表测量三相异步电动机绝缘电阻的方法及步骤。

29. 简述罩极式单相异步电动机的短路环有何作用。

30. 简述三相异步电动机的转动原理。

项目六
常用低压电器

学习目标

1. 识别常用低压电器，掌握其图形及文字符号。
2. 熟练掌握常用低压电器铭牌、结构与原理。
3. 掌握常用低压电器使用、检测与维修方法。

项目六　常用低压电器

任务一　低压电器的基础知识

一、任务描述

工作在交流 1 200 V、直流 1 500 V 以下电路中的电器都属于低压电器。常用低压电器种类繁多，可以分为三类：开关类、保护类和控制类。开关类低压电器的主要任务是接通或分断电路，发出命令，如闸刀开关、铁壳开关、组合开关、按钮开关等。保护类低压电器的主要任务是保证电器控制电路正常工作，防止事故发生，常用的有熔断器、自动开关、热继电器等。控制类低压电器能按照开关和保护类电器发出的命令，控制电气设备正常工作，主要有接触器、时间继电器等。

二、任务要点

（1）了解常用低压电器的分类、品种及用途。
（2）掌握低压电器的分类和基本结构。
（3）掌握低压电器选用的一般准则和低压电器的产品标准。

三、知识链接

（一）低压电器的分类

低压电器是指工作在交流电压 1 200 V、直流电压 1 500 V 以下的各种电器。生产机械上大多用低压电器。低压电器种类繁多，按其结构、用途及所控制对象的不同，可以有不同的分类方式。

1. 按用途和控制对象分类

用于电能的输送和分配的电器称为低压配电电器，这类电器包括刀开关、转换开关、空气断路器和熔断器等。用于各种控制电路和控制系统的电器称为控制电器，这类电器包括接触器和各种控制继电器等。

2. 按操作方式分类

通过电器本身参数变化或外来信号（如电、磁、光、热等）自动完成接通、分断、启动、反向和停止等动作的电器称为自动电器。常用的自动电器有接触器、继电器等。通过人力直接操作来完成接通、分断、启动、反向和停止等动作的电器称为手动电器。常用的手动电器有刀开关、转换开关等。

3. 按工作原理分类

电磁式电器是依据电磁感应原理来工作的电器，如接触器、各类电磁式继电器等。非电量控制电器的工作是靠外力或某种非电量的变化而动作的电器，如行程开关、速度继电器等。

（二）低压电器的基本结构

电磁式低压电器大多有两个主要组成部分，即感测部分——电磁机构、执行部分——触头系统。

1. 电磁机构

电磁机构的主要作用是将电磁能量转换成机械能量，带动触头动作，从而完成接通或分断电路的功能。电磁机构由吸引线圈、铁芯和衔铁三个基本部分组成。

2. 直流电磁铁和交流电磁铁

按吸引线圈所通电流性质的不同，电磁铁可分为直流电磁铁和交流电磁铁。

直流电磁铁由于通入的是直流电，其铁芯不发热，只有线圈发热，因此线圈与铁芯接触以利散热，线圈做成无骨架、高而薄的瘦高型，以改善线圈自身散热。铁芯和衔铁由软钢和工程纯铁制成。

交流电磁铁由于通入的是交流电，铁芯中存在磁滞损耗和涡流损耗，线圈和铁芯都发热，所以交流电磁铁的吸引线圈有骨架，使铁芯与线圈隔离并将线圈制成短而厚的矮胖型，以利于铁芯和线圈散热。铁芯用硅钢片叠加而成，以减小涡流。

当线圈中通以直流电时，气隙磁感应强度不变，直流电磁铁的电磁吸力为恒值。当线圈中通以交流电时，磁感应强度为交变量，交流电磁铁的电磁吸力 F 的变化范围为 0（最小值）～ F_m（最大值），其吸力曲线如图 6-1 所示。在一个周期内，当电磁吸力的瞬时值大于反力时，衔铁吸合；当电磁吸力的瞬时值小于反力时，衔铁释放。所以，电源电压每变化一个周期，电磁铁吸合两次、释放两次，使电磁机构产生剧烈的振动和噪声，因而不能正常工作。

为了消除交流电磁铁产生的振动和噪声，在铁芯的端面开一小槽，在槽内嵌入铜制短路环，如图 6-2 所示。

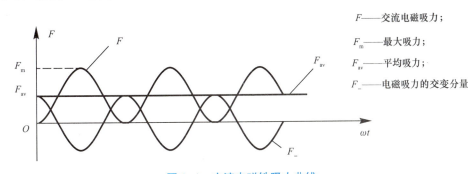

图 6-1　交流电磁铁吸力曲线

F——交流电磁吸力；
F_m——最大吸力；
F_{av}——平均吸力；
$F_\sim$——电磁吸力的交变分量

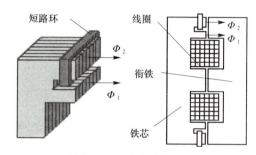

图 6-2 交流电磁铁结构

3. 触头系统

触头是电器的执行部分,起接通和分断电路的作用,触头的接触形式可分为点接触、面接触和线接触三种,具体如图 6-3 所示。

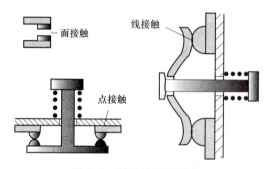

图 6-3 触头的结构形式

4. 灭弧装置

在大气中分断电路时,电场的存在使触头表面的大量电子溢出从而产生电弧。电弧是一种气体放电现象。电弧的存在既烧蚀触头金属表面,降低电器的使用寿命,又延长了电路的分断时间,所以必须迅速把电弧熄灭。常用的灭弧方法有电动力灭弧、磁吹灭弧、金属栅片灭弧。

(三)低压电器的选用原则

目前,我国生产的低压电器有 130 多个系列,品种近千类,规格上万种,用途多样。如何准确地选用低压电器非常重要。由于品种繁多,低压电器的选用方法有其特殊性,选用时应遵循的基本原则如下。

1. 安全原则

使用安全可靠是对任何电路的基本要求,保证电路和用电设备的可靠运行是正常生活与生产的前提。

2. 经济原则

经济性包括电器本身的经济价值和使用该种电器产生的价值。前者要求合理适用,后者必须保证运行可靠,不致因故障而引起各类经济损失。

（四）低压电器的产品标准

低压电器产品标准的内容通常包括产品的用途、适合条件、环境条件、技术性能要求、试验项目的方法、包装运输的要求等，它是厂家和用户制造、验收的依据。

低压电器标准按内容性质可分为基础标准、专业标准和产品标准三大类。按批准标准的级别则分国家标准（GB）、专业（部）标准（JB）和局批企业标准（JB\DQ）三级。

四、安排练习

为了更好地完成任务，你需要回答以下问题：
（1）常用的灭弧方法有_____、_____、_____。
（2）低压电器的选用应遵循的基本原则是_____，_____。
（3）低压电器是指工作在交流电压_____、直流电压_____以下的各种电器。
（4）电磁式电器是依据_____原理来工作的电器。
（5）触头主要有_____触头和_____触头两种结构形式。

五、拓展与提高

概　　述

1. 我国低压电器的发展概况

我国低压电器工业的发展经历了全面仿苏、自行设计、更新换代、技术引进、跟踪国外新产品等几个阶段，在品种、水平、生产总量、新技术应用、检测技术与国际标准接轨等方面都取得了巨大成就。

1）第一代产品

20世纪60年代初至70年代初，自行开发设计的统一设计产品以CJ10、DZ10、DW10为代表，约为29个系列。

2）第二代产品

20世纪70年代后期到80年代，我国完成了更新换代和引进国外技术生产的产品。更新换代产品以CJ20、DZ20、DW15系列等为代表，共有56个系列；引进技术制造产品以ME、3WE、B、3TB、LCI-D系列等为代表，共有34个系列。这批产品的总体技术性能水平相当于国外20世纪70年代末、80年代初的水平，目前市场占有率约为50%。随着新型电器的出现其市场占有率有下降趋势。

3）第三代产品

20世纪90年代，跟踪国外新技术、新产品，自行开发、设计、研制的产品以DW40、DW45、DZ40、CJ40、S系列等为代表，共有10多个系列。与国外合资生产的M、F、3TF系列等，约为30个系列。

项目六　常用低压电器

2. 国内外低压电器的发展趋势

1）现代设计技术的应用

现代设计技术主要表现在三维计算机辅助设计系统与制造软件系统的引入、电气开关特性的计算机模拟和仿真、现代化的样机测试手段等三个方面。

2）低压电器专用计算机应用软件

为完善设计和提高设计效率，除建立必需的数据、符号、标准元件库外，还需要一些专用分析、计算软件。

3）计算机网络系统的应用

微处理机技术和计算机技术的引入及计算机网络技术和信息通信技术的应用，一方面使低压电器智能化，另一方面使智能化电器与中央控制计算机进行双向通信。

4）可靠性技术

随着低压电器和控制系统的大型化、复杂化，系统元件越来越多，一个元件故障将导致系统瘫痪。因此，国内外重点研究以下几个方面：可靠性物理研究，即产品失效机理研究；可靠性指标与考核方法研究；可靠性实验装置研究；提高可靠性研究。

5）新的灭弧系统和限流技术

国内外致力于研究新的灭弧系统和限流技术，实现开关电器"无飞弧"。

任务二　低压开关及断路器

一、任务描述

低压开关在电路中主要起隔离、转换、接通和分断电路的作用。常用的类型有刀开关、组合开关、低压断路器等。

二、任务要点

（1）了解低压断路器的选用原则。
（2）掌握低压断路器的结构形式和主要参数。
（3）能识别刀开关、组合开关的图形符号和文字符号。

三、知识链接

1. 刀开关

刀开关用来非频繁地接通和分断容量不太大的配电线路。另外，刀开关也可以用于小容量笼型异步电动机的启停和正反转控制，常用的产品有 HD11～HD14（单投）和 HS11～HS13（双投）系列刀开关，如图 6-4 所示；HK1、HK2 系列开启式负荷开关；HH3、HH4 系列封闭式负荷开关；HR3 系列熔断器式刀开关，如图 6-5 所示。三相刀开关电气图形符号及文字符号如图 6-6 所示。

图 6-4　三相刀开关　　　　　　　　图 6-5　HR3 系列熔断器式刀开关

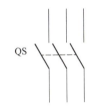 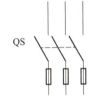

图 6-6　三相刀开关电气图形符号及文字符号

2. 组合开关

组合开关又称万能转换开关，如图 6-7 所示，通过操作手柄向右或向左转动来控制电路通断。常用的组合开关有 HZ5、HZ10、HZW 系列，组合开关电气图形符号及文字符号如图 6-8 所示。

图 6-7　万能转换开关　　　　　　图 6-8　组合开关电气图形符号
　　　　　　　　　　　　　　　　　　及文字符号

3. 低压断路器

低压断路器俗称自动空气开关，是低压配电网中的主要电器开关之一，低压断路器电气图形符号及文字符号如图 6-9 所示，它不仅可以接通和分断正常负载电流、电动机工作电流和过载电流，而且可以接通和分断短路电流。其主要在不频繁操作的低压配电线路或开关柜（箱）中作为电源开关使用，并对线路、电气设备及电动机等实行保护，当它们发生严重过电流、过载、短路、断相、漏电等故障时，能自动切断线路起到保护作用，因此其应用十分广泛。常用的低压断路器型号有 DW15 等系列万能式断路器和 DZ10、DZX10、DZX19、DZ20 等系列塑壳式断路器。

低压断路器按结构形式分为万能框架式、塑料外壳式和模块式三种。低压断路器主要由触头和灭弧装置、各种可供选择的脱扣器与操作机构以及自由脱扣机构三部分组成。各种脱扣器包括过流、欠压（失压）脱扣器和热脱扣器等。

低压断路器的主要参数有额定工作电压、壳架额定电流等级、极数、脱扣器类型及额定电流、短路分断能力、分断时间等。

图 6-9　低压断路器电气图形符号及文字符号
（a）单相低压断路器；（b）三相低压断路器

4. 低压断路器的选用原则

（1）额定工作电压和额定电流。

低压断路器的额定工作电压和额定电流应分别不低于线路、设备的正常额定工作电压和工作电流或计算电流。

（2）长延时脱扣器整定电流。

所选断路器的长延时脱扣器整定电流应大于或等于线路的计算负载电流，可按计算负载电流的 1～1.1 倍确定；同时应不大于线路导体长期允许电流的 80%～100%。

（3）瞬时或短延时脱扣器的整定电流。

所选断路器的瞬时或短延时脱扣器整定电流应大于线路尖峰电流。

（4）短路通断能力和短时耐受能力校验。

（5）分励和欠电压脱扣器的参数确定。

四、安排练习

为了更好地完成任务，你需要回答以下问题：

（1）刀开关用来非频繁地_____和分断容量不太大的配电线路。

（2）低压断路器俗称_____。

（3）低压断路器按结构形式分有_____式、_____式和模块式三种。

（4）组合开关又称_____，通过操作手柄向右或向左转动来控制电路通断。

（5）低压开关在电路中主要起_____、_____、_____和分断电路的作用。

五、拓展与提高

塑料外壳式断路器与铁壳开关

1. 塑料外壳式断路器

塑料外壳式断路器有一绝缘塑料外壳，触点系统、灭弧室及脱扣器等均安装于塑料外壳内，而手动扳把在壳外，可手动或电动分合闸。它有较高的分断能力和动稳定性以及比较完善的选择性保护功能，广泛用于配电线路，也可用于控制不频繁启动的电动机和照明电路。DZ20 塑壳断路器如图 6-10 所示。

2. 智能化断路器

智能化断路器的特征则是采用了以微处理器或单片机为核心的智能控制器（智能脱扣器），它不仅具备普通断路器的各种保护功能，同时还具备定时显示电路的各种电器参数，如电流、电压、功率、功率因数等，对电路进行在线监视、自行调节、测量、试验、自诊断、可通信等功能，还能够对各种保护功能的动作参数进行显示、设定和修改，保护电路动作时的故障参数能够存储在非易失存储器中，以便查询。

3. 铁壳开关

HH 型封闭式负荷开关俗称铁壳开关。刀开关带有灭弧装置，能够通断负荷电流，熔断器用于切断短路电流。其一般用于小型电力排灌、电热器、电气照明线路的配电设备中，用于不频繁地接通与分断电路，也可以直接用于异步电动机的非频繁全压启动。HH3 系列负荷开关如图 6-11 所示。

图 6-10 DZ20 塑壳断路器

图 6-11 HH3 系列负荷开关

任务三 熔断器

一、任务描述

熔断器是低压配电网络和电力拖动系统中最简单、最常用的一种安全保护电器。熔断器主要用于电路的短路保护,熔断器熔断所用时间与通过熔体的电流大小有关,电流越大,熔断越快。一般熔体的电流等于或小于额定电流的 1.25 倍时,可以长期使用而不会熔断,超过其额定电流越多,熔体熔断得越迅速。熔断器广泛应用于电网及用电设备的短路保护或过载保护。

二、任务要点

(1) 了解熔断器的用途。
(2) 掌握熔断器的结构、原理及熔断器的选用原则。
(3) 能识别熔断器的图形符号和文字符号。

三、知识链接

1. 熔断器的结构与原理

熔断器主要由熔体和安装熔体的熔管或熔座两部分组成。其中,熔体是主要部分,它既是感受元件又是执行元件。熔体可做成丝状、片状、带状或笼状,其材料有两类:一类为低熔点材料,如铅、锌、锡及铅锡合金等;另一类为高熔点材料,如银、铜、铝等。熔断器接入电路时,熔体是串接在被保护电路中的。熔管是熔体的保护外壳,可做成封闭式或半封闭式,如图 6-12 所示。其材料一般为陶瓷、绝缘钢纸或玻璃纤维,如图 6-13 所示。

图 6-12 封闭管式熔断器

图 6-13 瓷插式熔断器

任务三 熔 断 器

熔断器熔体中的电流为熔体的额定电流时,熔体长期不熔断;当电路发生严重过载时,熔体在较短时间内熔断;当电路发生短路时,熔体能在瞬间熔断。熔体的这个特性称为反时限保护特性。熔断器的主要技术参数有额定电压、额定电流、熔体额定电流和极限分断能力等。熔断器电气图形符号及文字符号如图6-14所示。

图6-14 熔断器电气图形符号及文字符号

2.熔断器的类型

瓷插式熔断器多用于低压分支电路的短路保护,常见型号为RC1A系列,如图6-15所示。

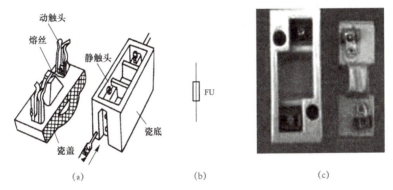

图6-15 RC1A系列瓷插式熔断器
(a)结构;(b)图形符号;(c)实物

螺旋式熔断器多用于机床电气控制线路的短路保护,RL1系列螺旋式熔断器如图6-16所示。此类熔断器在瓷帽上有明显的分断指示器,便于发现分断情况;更换熔体简单方便,不需任何工具。目前常用螺旋式熔断器有RL1系列,新产品有RL6、RL7系列。

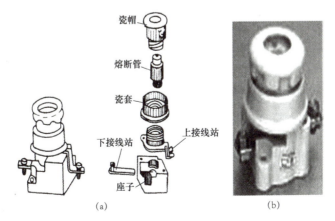

图6-16 RL1系列螺旋式熔断器
(a)结构;(b)实物

封闭管式熔断器可分为以下三种。

1）无填料封闭管式熔断器

该熔断器多用于低压电网、成套配电设备的保护，型号有 RM7、RM10 系列等。

2）有填料封闭管式熔断器

该熔断器熔管内装有 SiO_2（石英砂），用于具有较大短路电流的电力输配电系统，常见型号为 RT0 系列。

3）快速熔断器

该熔断器主要用于硅整流管及其成套设备的保护，其特点是熔断时间短、动作快，常用型号有 RLS、RSO 系列等。

自复式熔断器的特点是能重复使用，不必更换熔体；其熔体采用金属钠，利用其常温时电阻很小、高温气化时电阻值骤升、故障消除后温度下降、气态钠回归固态钠、良好导电性恢复的特性制作而成。

3. 熔断器的选用原则

1）熔断器类型的选择

选择熔断器类型时，主要依据负载的保护特性和预期短路电流的大小。

2）熔断器额定电压的选择

所选熔断器的额定电压应不低于线路的额定工作电压，但当熔断器用于直流电路时，应注意制造厂提供的直流电路数据或与制造厂协商，否则应降低电压使用。

3）熔体额定电流的选择

用于保护照明或电热设备及一般控制电路的熔断器，所选熔体的额定电流应等于或稍大于负载的额定电流。用于保护电动机的熔断器，应按电动机的启动电流倍数考虑，避开电动机启动电流的影响，一般选择熔体额定电流为电动机额定电流的 1.5～3.5 倍。对于不经常启动或启动时间不长的电动机，选择较小倍数；对于频繁启动的电动机，选择较大倍数。

四、安排练习

为了更好地完成任务，你需要回答以下问题：

（1）封闭管式熔断器可分为_____、_____和快速熔断器三种。

（2）熔断器主要由_____和_____两部分组成。

（3）自复式熔断器的特点是能重复使用，不必更换_____。

（4）选择熔断器类型时，主要依据_____的保护特性和预期短路电流的大小。

（5）一般选择熔体额定电流为电动机额定电流的 1.5～_____倍。

五、拓展与提高

熔断器的特点和安秒特性

1. 熔断器的特点

熔体额定电流不等于熔断器额定电流,熔体额定电流按被保护设备的负荷电流选择,熔断器额定电流应大于熔体额定电流,与主电器配合确定。

熔断器主要由熔体、外壳和支座三部分组成,其中熔体是控制熔断特性的关键元件。熔体的材料、尺寸和形状决定了熔断特性。熔体材料分为低熔点和高熔点两类。低熔点材料如铅和铅合金,其熔点低、容易熔断,由于其电阻率较大,故制成熔体的截面尺寸较大,熔断时产生的金属蒸气较多,只适用于低分断能力的熔断器。高熔点材料如铜、银,其熔点高、不容易熔断,但由于其电阻率较低,可制成比低熔点熔体较小的截面尺寸,熔断时产生的金属蒸气少,适用于高分断能力的熔断器。熔体的形状分为丝状和带状两种。改变截面的形状可显著改变熔断器的熔断特性。

熔断器具有反时延特性,即过载电流小时,熔断时间长;过载电流大时,熔断时间短。所以,在一定过载电流范围内,当电流恢复正常时,熔断器不会熔断,可继续使用。熔断器有各种不同的熔断特性曲线,可以适用于不同类型的保护对象。

2. 熔断器的安秒特性

熔断器的动作是靠熔体的熔断来实现的,当电流较大时,熔体熔断所需的时间就较短。而电流较小时,熔体熔断所需的时间就较长,甚至不会熔断。因此对熔体来说,其动作电流和动作时间特性即熔断器的安秒特性,为反时限特性。

每一熔体都有一最小熔化电流,相应于不同的温度,最小熔化电流也不同。虽然该电流受外界环境的影响,但在实际应用中可以不加考虑。一般定义熔体的最小熔断电流与熔体的额定电流之比为最小熔化系数,常用熔体的熔化系数大于 1.25,也就是说额定电流为 10 A 的熔体在电流 12.5 A 以下时不会熔断。熔断电流与熔断时间之间的关系如图 6-17 所示。

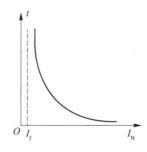

图 6-17 熔断电流与熔断时间之间的关系

任务四　主令电器

一、任务描述

主令电器用来闭合或断开控制电路，以发布命令或用作程序控制，它主要有控制按钮、行程开关、转换开关和主令控制器等。因为主令电器在控制电路中是一种专门发布命令的电器，所以称为主令电器，但主令电器不允许分合主电路。

二、任务要点

（1）了解主令电器的选用原则。
（2）掌握主令电器的基本结构。
（3）能识别行程开关、按钮、万能转换开关的图形符号。

三、知识链接

1. 控制按钮

按钮是一种结构简单、应用广泛的低压手动电器，在低压控制系统中，手动发出控制信号，可远距离操纵各种电磁开关，如继电器、接触器等，实现主电路的通断，转换各种信号电路和电气联锁电路。控制按钮是一种接通或分断小电流电路的主令电器，其结构简单、应用广泛，如图6-18所示。

图6-18　控制按钮

主要根据使用场合所需要的触点数、触点形式来选择开关的种类，根据工作状态指示和工作情况要求选择按钮的颜色。启动按钮选用绿色或黑色，停止按钮或紧急停止按钮选用红色。按钮的结构和符号如图 6-19 所示。

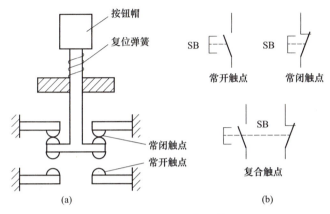

图 6-19　按钮的结构和符号
（a）结构；（b）符号

2. 行程开关

依照生产机械的行程发出命令以控制其运动方向或行程长短的主令电器称为行程开关。行程开关又称限位开关，如图 6-20 所示，用于机械设备运动部件的位置检测，是利用生产机械某些运动部件的碰撞来发出控制指令，以控制其运动方向或行程的主令电器。

行程开关有两种类型：直动式（按钮式）和旋转式，其结构基本相同，都是由操作机构、传动系统、触头系统和外壳组成，主要区别在于传动系统。直动式行程开关的结构、动作原理与按钮相似。选择行程开关时主要根据动作要求、安装触点数量进行选择。行程开关符号如图 6-21 所示。

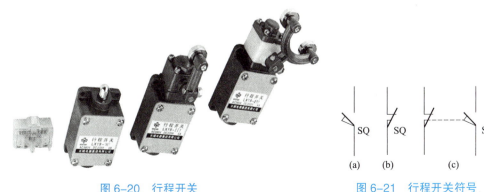

图 6-20　行程开关

图 6-21　行程开关符号
（a）常开触点；（b）常闭触点；（c）复合触点

3. 万能转换开关

万能转换开关主要用于低压断路操作机构的分合闸控制，如图6-22所示，是由多组相同结构的开关元件叠装而成，用以控制多回路的一种主令电器。其主要用于各种控制线路的转换、电气测量仪器的转换，也可用于小容量异步电动机的启动、调速和换向控制、配电装置线路的转换及遥控等。

图6-22　万能转换开关

典型的万能转换开关由触点座、凸轮、转轴、定位机构、螺杆和手柄等组成，并由1～20层触点底座叠装而成，每层底座可装三对触点，由触点底座中且套在转轴上的凸轮来控制此三对触点的接通和断开。由于各层凸轮可制成不同的形状，因此可以用手柄将开关转到不同的位置，使各对触点按需要的变化规律接通或断开，以达到满足不同线路的需要目的。万能转换开关主要根据用途、接线方式、所需触点挡数和额定电流来选择。万能转换开关的图形符号如图6-23所示。

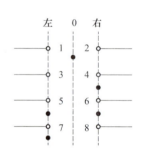

图6-23　万能转换开关的图形符号

万能转换开关的安装位置应与其他电气元件或机床的金属部件有一定间隙，以免在通断过程中因电弧喷出而发生对地短路故障；开关应水平安装在屏板上，但也可以倾斜或垂直安装；开关用来控制电动机时，LW5系列只能控制5.5 kW以下的小容量电动机。若用于控制电机的正反转，则只有在电机停止后才能反向启动；开关本身不带保护，使用时必须与其他电器配合；当万能转换开关有故障时，必须立即切断，检查有无妨碍可动部分正常转动的故障，检查弹簧有无变形或失效，触点工作状态和触点状况是否正常等。

4. 主令控制器

主令控制器是用来按顺序频繁切换多个控制电路的主令电器，主要用于轧钢及其他生产机械的电力拖动控制系统，也可在起重机电力拖动系统中对电动机的启动、制动和调速等进行远距离控制。凸轮非调整式主令控制器是一种采用机械传动杠杆手动操作方式的多挡位、多控制回路的控制电器。主令控制器的结构主要由转轴、凸轮块、动静触头、定位机构及手柄等组成。其触点为双断点的桥式结构，通常为银质材料，操作轻便，允许每小时接电次数较多。主令电器结构示意图如图6-24所示。

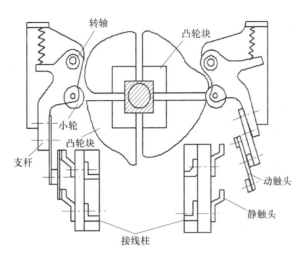

图 6-24 主令电器结构示意图

与万能转换开关相比，主令控制器的触点容量大一些，操纵挡位也较多。主令控制器的动作过程与万能转换开关相似，是由一块可转动的凸轮带动触点动作。

主令控制器按结构形式可分为凸轮非调整式主令控制器和凸轮调整式主令控制器，如图 6-25 所示。

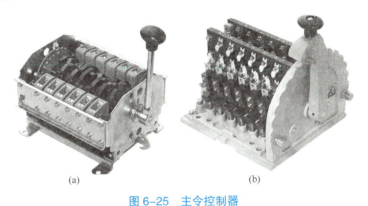

图 6-25 主令控制器
（a）凸轮非调整式；（b）凸轮调整式

5. 主令电器的选用原则

主令电器的选用原则主要考虑的因素有额定工作电压、额定工作电流（含电流种类）、额定通断能力、额定限制短路电流等，应满足控制电路的控制功能要求，还需要满足一系列特殊要求，注意其颜色标记必须符合国标的规定。

四、安排练习

为了更好地完成任务，你需要回答以下问题：
（1）主令控制器按结构形式可分为＿＿＿＿＿式和＿＿＿＿＿式。

（2）典型的万能转换开关由_____、_____、转轴、定位机构、螺杆和手柄等组成。

（3）行程开关有_____式和_____式两种类型。

（4）控制按钮是一种_____或_____小电流电路的主令电器。

（5）万能转换开关主要用于低压断路操作机构的_____控制。

五、拓展与提高

接近开关

接近开关输出形式有两线、三线和四线式几种，晶体管输出类型有 NPN 和 PNP 两种，如图 6-26 所示。外形有方形、圆形、槽形和分离型等多种。

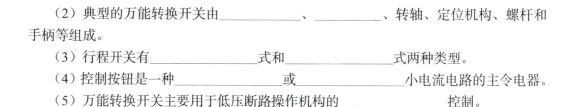

图 6-26　接近开关

槽形三线式 NPN 型光电式接近开关和远距分离型光电开关图形符号如图 6-27 所示。

图 6-27　槽形三线式 NPN 型光电式接近开关和
远距分离型光电开关图形符号
（a）动合触点；（b）动断触点

任务五　接　触　器

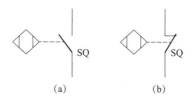

一、任务描述

接触器是一种用于频繁地接通或断开交、直流主电路，大容量控制电路等大电流电路的自动切换电器。接触器是一种可对交、直流主电路及大容量控制电路做频繁通、断控制的自动电磁式开关,它通过电磁力作用下的吸合和反力弹簧作用下的释放使触头闭合和分断,从而控制电路的通断。目前,我国常用的交流接触器主要有CJ20、CJX1、CJX2、CJ12和CJ10等系列。引进产品中应用较多的有施耐德公司的LC1D/LP1D系列等。另外,常用的交流接触器还有德国BBC公司的B系列、SIEMENS公司的3TB系列等。

二、任务要点

(1)了解接触器的分类、品种及用途,能排除接触器的常见故障。
(2)掌握接触器的基本结构及工作原理。

三、知识链接

(一)接触器的结构及工作原理

接触器的结构中,电磁机构包括线圈、铁芯和衔铁。触头系统中的主触头为常开触点,用于控制主电路的通断;辅助触头包括常开、常闭两种,用于控制电路,起电气联锁作用。其他部件还包括反作用弹簧、缓冲弹簧、触头压力弹簧、传动机构和外壳等。交流接触器的结构示意图如图6-28所示。

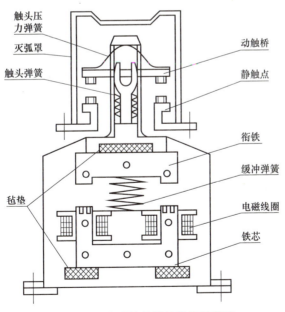

图6-28 交流接触器的结构示意图

常用的交流接触器新产品结构紧凑、技术性能显著提高,多采用积木式结构,通过螺钉和快速卡装在标准导轨上的方式加以安装。交、直流接触器的主要技术参数有额定电压、额定电流、吸引线圈的额定电压等。接触器的图形及文字符号如表6-1所示。

表 6-1　接触器的图形及文字符号

（二）接触器的选用原则

1．接触器的类型选择

根据接触器所控制的负载性质和工作任务来选择相应使用类别的直流接触器或交流接触器。

2．额定电压的选择

接触器的额定电压应大于或等于所控制线路的电压。

3．额定电流的选择

接触器的额定电流应大于或等于所控制线路的额定电流。对于电动机负载可按下列经验公式计算：

$$I_C = P_N/(KU_N)$$

式中　I_C——接触器主触头电流，A；

P_N——电动机额定功率，kW；

U_N——电动机额定电压，V；

K——经验系数，一般取 1～1.4。

4．吸引线圈额定电压选择

根据控制回路的电压选择吸引线圈的额定电压。

5．接触器触头数量、种类选择

触头数量和种类应满足主电路和控制线路的要求。

（三）接触器常见故障与排除

1．触头过热

产生此故障的原因是触头压力不足、触头接触不良、电弧将触头表面烧坏。以上三种原因会使触头接触电阻增加，使触头过热。

2．触头磨损

接触器磨损分为电气磨损和机械磨损两种。电气磨损属于正常磨损，是由电弧高温使触头金属气化蒸发造成的；机械磨损是由触头闭合时的撞击和触头表面的相对滑动摩擦造成的。

3. 触头不复位

产生这种故障的原因是触头熔焊，熔焊即电弧的高温将动、静触头焊在一起而不能分断的现象；反作用弹簧弹力不够；机械运动部件被卡住；铁芯端面有油污；铁芯剩磁太大。

4. 衔铁振动噪声

产生这种故障的原因是短路环损坏；衔铁歪斜或端面有污垢造成动、静铁芯接触不良；活动部件卡阻而使衔铁不能完全吸合。

5. 线圈过热或烧毁

产生这种故障的原因是线圈匝间短路；动、静铁芯端面变形或有污垢，闭合后有间隙；操作过于频繁；外加电压高于线圈额定电压，电流过大，产生热效应，严重时会烧毁线圈。

四、安排练习

为了更好地完成任务，你需要回答以下问题：

（1）接触器磨损分为＿＿＿＿＿磨损和＿＿＿＿＿磨损两种。
（2）接触器的结构中，电磁机构包括＿＿＿＿＿、＿＿＿＿＿和＿＿＿＿＿。
（3）接触器用于频繁地＿＿＿＿＿或＿＿＿＿＿交直流主电路。
（4）接触器的辅助触头包括常开、常闭两种，用于控制电路，起＿＿＿＿＿作用。
（5）选用接触器时额定电压应＿＿＿＿＿或等于所控制线路的电压。

五、拓展与提高

接触器的工作原理和发展趋势

1. 接触器的工作原理

当接触器线圈通电后，线圈电流会产生磁场，产生的磁场使静铁芯产生电磁吸力吸引动铁芯，并带动交流接触器点动作，常闭触点断开，常开触点闭合，两者是联动的。当线圈断电时，电磁吸力消失，衔铁在释放弹簧的作用下释放，使触点复原，常开触点断开，常闭触点闭合。直流接触器的工作原理与温度开关的原理相似。

2. 接触器的发展趋势

交流接触器制作为一个整体，其外形和性能也在不断提高，但是功能始终不变。无论技术发展到什么程度，普通的交流接触器仍然有其重要的地位。

（1）空气式电磁接触器（Magnetic Contactor）：主要由接点系统、电磁操动系统、支架、辅助接点和外壳（或底架）组成的接触器。因为交流电磁接触器的线圈一般采用交流电源供电，在接触器激磁之后，通常会有一声高分贝的"咯"的噪声，这也是电磁式接触器的特色。80年代后，各国研究交流接触器电磁铁的无声和节电，基本的可行方案之一是将交流电源用变压器降压后，再经内部整流器转变成直流电源后供电，但此复杂控制方式并不多见。

（2）真空接触器：接点系统采用真空消磁室的接触器。

（3）半导体接触器：一种通过改变电路回路的导通状态和断路状态而完成电流操作的接触器。

（4）永磁接触器：利用磁极同性相斥、异性相吸的原理，用永磁驱动机构取代传统的电磁铁驱动机构而形成的一种微功耗接触器。

任务六　继　电　器

一、任务描述

继电器（Relay）也称电驿，是一种电子控制器件，它具有控制系统（又称输入回路）和被控制系统（又称输出回路），通常应用于自动控制电路中，它实际上是用较小的电流去控制较大电流的一种"自动开关"。故继电器在电路中起着自动调节、安全保护、转换电路等作用。在电气控制领域或产品中，凡是需要逻辑控制的场合，几乎都需要使用继电器，从家用电器到工农业应用，甚至国民经济各个部门，可谓无处不见。电磁继电器就是采用电磁式结构的继电器。低压控制系统中采用的继电器大部分为电磁式，如电压（电流）继电器、中间继电器以及相当一部分的时间继电器等。

二、任务要点

（1）了解继电器的类型、品种及用途。
（2）掌握继电器的基本结构、作用。
（3）能识别各种继电器的图形符号和文字符号。

三、知识链接

（一）热继电器

在电力拖动控制系统中，热继电器是对电动机在长时间连续运行过程中过载及断相起保护作用的电器。热继电器由双金属片、热元件、动作机构、触头系统、整定调整装置和手动复位装置组成，如图 6-29 所示。

目前我国生产并广泛使用的热继电器主要有 JR16、JR20 系列；引进产品有施耐德公司的 LR2D 系列，其特点是具有过载与缺相保护、测试按钮、停止按钮，还具有脱扣状态显示功能以及在湿热的环境中使用的强适应性。热继电器的图形及文字符号如图 6-30 所示。

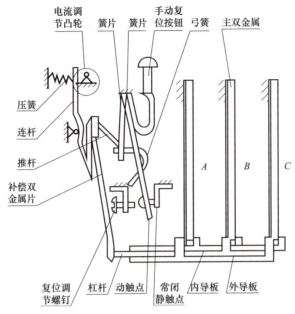

图 6-29 热继电器结构

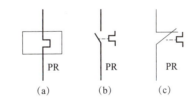

图 6-30 热继电器的图形及文字符号
（a）热元件；（b）常开触头；（c）常闭触头

热继电器的主要参数有热继电器的整定电流、热继电器的额定电流、热元件的额定电流。

（二）时间继电器

时间继电器是一种按时间原则进行控制的继电器。它利用电磁原理，配合机械动作机构实现在得到信号输入（线圈通电或断电）后的预定时间内的信号的延时输出（触点的闭合或断开）。时间继电器种类很多，常用的有电磁式、空气阻尼式、电动式和晶体管式等。下面以空气阻尼式时间继电器为例进行讲述。

1. 通电延时型

线圈通电，延时一定时间后延时触点才闭合或断开；线圈断电，触点瞬时复位。

2. 断电延时型

线圈通电，延时触点瞬时闭合或断开；线圈断电，延时一定时间后延时触点才复位。

时间继电器的图形符号如表 6-2 所示。

表 6-2 时间继电器的图形符号

	瞬时触头	线圈	延时常开触头	延时常闭触头
通电延时时间继电器	KT KT	KT		
断电延时时间继电器	KT KT	KT		

（三）电流、电压继电器

根据输入线圈电流（或电压）大小而动作的继电器称为电流（或电压）继电器。

1. 电流继电器

电流继电器线圈与被测电路串联，以反应电路电流的变化。电流继电器可分为过电流继电器和欠电流继电器，过电流继电器用于电路过流或发生短路时立即切断电路，欠电流继电器用于电路电流过低时立即切断电路。

2. 电压继电器

电压继电器也可分为整定范围为 105%～120% U_N 的过电压继电器，吸合电压调整范围为 30%～50% U_N 的欠电压继电器。

（四）中间继电器

中间继电器的作用是将一个输入信号变成多个输出信号，当其他继电器的触头对数或触点容量不够时，可借助中间继电器来扩充，起到中间转换的作用，也可直接用它来控制小容量电动机或其他电气执行元件。中间继电器触头容量小，触点数目多，用于控制线路。中间继电器的外形与符号如图 6-31 所示。

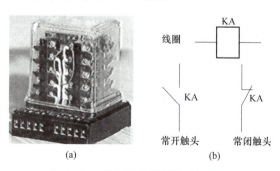

图 6-31 中间继电器的外形与符号
（a）外形；（b）符号

（五）速度继电器

速度继电器根据电磁感应原理制成，其主要作用是在三相交流异步电动机反接制动控制电路中作转速过零的判断元件。速度继电器主要由转子、定子、触点三部分组成。速度继电器的图形及文字符号如图 6-32 所示。

图 6-32　速度继电器的图形及文字符号

四、安排练习

为了更好地完成任务，你需要回答以下问题：

（1）中间继电器的作用是将一个输入信号变成多个＿＿＿＿＿＿＿信号。

（2）电流继电器可分为＿＿＿＿＿＿＿和＿＿＿＿＿＿＿。

（3）速度继电器主要由＿＿＿＿＿＿＿、＿＿＿＿＿＿＿、＿＿＿＿＿＿＿三部分组成。

（4）时间继电器是一种按＿＿＿＿＿＿＿原则进行控制的继电器。

（5）电压继电器也可分为整定范围为＿＿＿＿＿＿＿的过电压继电器，吸合电压调整范围为＿＿＿＿＿＿＿的欠电压继电器。

五、拓展与提高

发展前景及测试方法

1. 行业发展前景

近十年来，我国的信息产业以其他行业 3 倍的速度快速发展，通信、汽车行业也正以一日千里的速度向前发展，同时家电业已作为一个重要的需求推动者开始显现。随着中国内地产品质量寿命的整体改善，越来越多的消费者对新型或升级的家电感兴趣，这反过来刺激了对继电器的需求。

前瞻产业研究院发布的《中国电流继电器行业市场前瞻与投资规划分析报告前瞻》显示，上述行业对继电器的用量是相当可观的，这些行业的发展无疑会促进继电器市场的进一步扩大。2010 年，继电器出口的数量虽然降低了，但出口值增加了，表明出口继电器的附加值提高了。目前，继电器行业的高附加值产品已有较大提高，在某些领域已逐步取代进口产品。

随着我国十大产业振兴政策的逐渐落实和深化，继电器的需用量和应用领域将在巩固中继续扩大拓展。"十二五"期间，我国传统的机电式继电器保持不低于 7%～8% 的增长速度，固态继电器的发展速度接近 15%，而特种继电器以 20% 以上的速度迅猛发展。

前瞻产业研究院继电器行业研究小组分析认为,我国继电器产业从"制造大国"向"创造大国"转变的步伐将逐渐加快,从出口拉动向内需、出口并驾齐驱的局面将日益凸显,特别是高端产品攻克提升后,内需推动的趋势更加明朗。

值得注意的是,"三网融合"特别是"物联网"、4G的发展,使光继电器、高频继电器等新型继电器获得更大更快的发展,这成了继电器行业在"十二五"期间新的增长亮点。

2. 测试方法

测线圈电阻时可用万能表 $R\times 10\ \Omega$ 挡测量继电器线圈的阻值,从而判断该线圈是否存在开路现象。继电器线圈的阻值和它的工作电压及工作电流有非常密切的关系,通过线圈的阻值可以计算出它的使用电压及工作电流。

测触点电阻时用万能表的电阻挡,测量常闭触点与动点电阻,其阻值应为 0;而常开触点与动点的阻值就为无穷大。由此可以区分哪个是常闭触点,哪个是常开触点。

测量吸合电压和吸合电流时用可调稳压电源和电流表,给继电器输入一组电压,且在供电回路中串入电流表进行监测。慢慢调高电源电压,听到继电器吸合声时,记下该吸合电压和吸合电流。为求准确,可以多试几次并求平均值。测量释放电压和释放电流与上述方法类似,继电器发生吸合后,再逐渐降低供电电压,当听到继电器再次发出释放声音时,记下此时的电压和电流,亦可多尝试几次而取得平均的释放电压和释放电流。一般情况下,继电器的释放电压为吸合电压的10%～50%,如果释放电压太小(小于1/10的吸合电压),则不能正常使用,这样会对电路的稳定性造成威胁而使工作不可靠。

复习思考题

1. 简述低压电器的定义。
2. 常用低压电器有哪几种?它们分别起何作用?
3. 低压断路器有哪些优点?
4. 画出万能转换开关的图形符号。
5. 低压断路器的选用原则有哪些?
6. 封闭管式熔断器有哪几种?
7. 熔断器的选用原则主要有哪些?
8. 万能转换开关在安装与使用时有哪些注意事项?
9. 主令控制器的用途主要有哪些?
10. 低压电器的标准通常包括哪些内容?
11. 低压电器按标准内容性质可分为哪几类?按批准标准的级别分为哪几级?
12. 自动空气开关的一般选用原则是什么?

13. 熔断器主要由哪几部分组成？
14. 画出熔断器电气图形符号及文字符号。
15. 画出组合开关电气图形符号及文字符号。
16. 怎样选用交流接触器？
17. 交流接触器频繁操作时为什么过热？
18. 国内外低压电器发展趋势主要有哪几个方面？
19. 常用继电器按动作原理分类可以分为哪几种？
20. 常用的主令开关有哪些？
21. 电压继电器和电流继电器在电路中各起什么作用？
22. 画出刀开关电气图形符号及文字符号。
23. 常用的灭弧法有哪些？
24. 画出低压断路器电气图形符号及文字符号。
25. 熔断器安秒特性表示什么？
26. 画出行程开关常闭触点和常开触点的图形符号及文字符号。
27. 低压断路器的常见故障及处理办法有哪些？
28. 画出常开和常闭热继电器的图形及文字符号。
29. 画出时间继电器的图形符号。
30. 画出槽形和分离型光电开关的图形符号。

项目七
电气控制电路

学习目标

1. 掌握三相异步电动机直接启动、正反转、自动往返、减压启动、制动和调速等基本控制电路图的识读,能分析其工作原理。

2. 能分析并排除简单的电气故障。

任务一　三相异步电动机单向及连续控制电路

一、任务描述

三相异步电动机的连续运行控制电路是最基础的、应用最广泛的电气控制电路，是构成各种生产机械控制电路的基础。

二、任务要点

（1）掌握点动的概念，会分析点动控制电路的工作原理。
（2）掌握连续控制、自锁的概念，会分析连续控制电路的工作原理。
（3）能根据电路工作原理分析简单的电气故障。

三、知识链接

三相异步电动机单向连续运行控制电路如图 7-1 所示。热继电器 FR 对电动机进行过载保护，SB1 为启动按钮，SB2 为停止按钮；接触器 KM 的辅助动合触头用于自锁，实现电动机的连续运转。

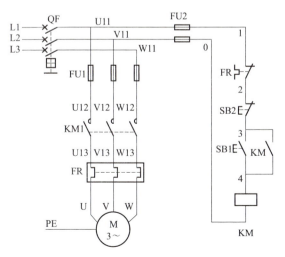

图 7-1　三相异步电动机单向连续运行控制电路

电路的工作原理如下：

（1）启动：

合上电源开关 QF → 按下启动按钮 SB1 → KM 线圈得电 ┌→ 其主触点闭合 → 电动机通电启动
　　　　　　　　　　　　　　　　　　　　　　　　　└→ 其辅助动合触点闭合自锁

松开 SB1 → SB1 触点断开，但 KM 辅助动合触点处于闭合状态 → KM 线圈仍保持通电 → 电动机能够继续运转。

像这种松开启动按钮后，接触器通过自身辅助动合触头而使线圈保持得电的作用称为自锁，起自锁作用的接触器辅助动合触头称为自锁触头。

（2）停止：

按下 SB2 → KM 线圈失电 ┌→ 其主触点断开 → 电动机停止
　　　　　　　　　　　　└→ 其辅助动合触头断开，解除自锁

（3）保护：

①短路保护：当主电路或控制电路出现短路故障 → 电路中的电流增大 → 对应的熔断器熔断。

②过载保护：当电动机出现过载时 → 热继电器 FR 辅助动断触点断开 → KM 线圈失电，KM 主触点断开。

③欠压保护：当电路电压降到某一数值时 → KM 线圈两端电压下降 → 动铁芯被迫释放，KM 主触头、自锁触头断开。

④失压（零压）保护：当线路断电时 → KM 线圈失电 → 接触器主触头和自锁触头断开，电动机失电停转。当电路重新供电时，接触器 KM 线圈不能自行通电，只有重新按下启动按钮，KM 线圈才能通电使电动机运转，这样就能保证人身及设备的安全。

四、安排练习

为了更好地完成任务，你需要回答以下问题：

（1）自锁是利用接触器的_____触头实现的，该触头应与启动按钮_____联。

（2）在连续控制电路中，如果没有自锁触头，会出现的现象是_____。

（3）主电路短路保护是由_____完成的。

（4）此电路中，接触器线圈的额定电压为_____。

（5）电动机过载保护是由_____完成的，它与熔断器_____（能/不能）替换使用。

五、拓展与提高

点动与连续混合控制电路

如图 7-1 所示的连续控制电路，如果没有自锁触头就变成了点动控制电路，即按下按钮电动机通电启动，松开按钮电动机停止运行。图 7-2 所示为连续与点动混合控制电路。

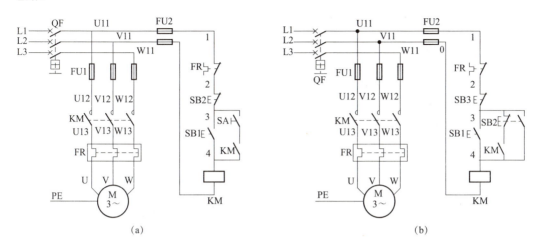

图 7-2　连续与点动混合控制电路
（a）手动开关控制；（b）复合按钮控制

如图 7-2（a）所示电路：点动控制和连续运转控制共用一个启动按钮，二者之间的切换是利用手动开关 SA 控制的，当 SA 断开时，电路为点动控制；当 SA 闭合时，电路为连续运转控制电路。

如图 7-2（b）所示电路：点动控制和连续运转控制的启动按钮是独立的，SB1 为连续运转控制启动按钮，SB2 为点动控制启动按钮。按下 SB1，启动连续运转控制；按下 SB2，SB2 的辅助动断触头断开自锁电路，实现点动控制。

任务二　三相异步电动机正反转控制电路

一、任务描述

在生产实践中，有些生产机械的运动部件需要向两个相反的方向运动，这种情况可以利用一台电动机的正转和反转分别来拖动。常用的正反转控制电路有接触器联锁正反转、按钮联锁正反转和双重联锁正反转控制电路。

二、任务要点

（1）掌握联锁的概念。
（2）掌握接触器联锁正反转控制电路的工作原理及特点。

（3）掌握按钮联锁正反转控制电路的工作原理及特点。
（4）掌握双重联锁正反转控制电路的工作原理及特点。

三、知识链接

1. 接触器联锁正反转控制电路

接触器联锁的正反转控制电路如图 7-3 所示。接触器 KM1 控制电动机的正转，KM2 控制电动机的反转。KM1 和 KM2 的主触头不允许同时闭合，否则将造成两相电源（L1 相和 L3 相）短路事故。为了避免 KM1 和 KM2 同时得电动作，在正、反转控制电路中分别串接了对方接触器的一对辅助动断触头，这样，当一个接触器得电动作时，通过其辅助动断触头使另一个接触器不能得电动作。接触器间这种相互制约的作用叫作接触器联锁（或联锁），实现联锁作用的辅助动断触头称为互锁触头（或联锁触头），联锁符号用"▽"表示。

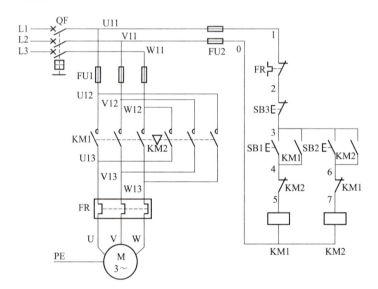

图 7-3　接触器联锁的正反转控制电路

电路的工作原理如下：

（1）正转启动控制：

合上电源开关 QF → 按下正转启动按钮 SB1 → KM1 线圈得电 → 其主触点闭合 → 电动机 M 启动正转
　　　　　　　　　　　　　　　　　　　　　　　　　　　→ 其辅助动断触头断开 → 对 KM2 联锁
　　　　　　　　　　　　　　　　　　　　　　　　　　　→ 其辅助动合触头闭合进行自锁

（2）反转启动控制：

合上电源开关 QF → 按下反转启动按钮 SB2 → KM2 线圈得电 → 其主触点闭合 → 电动机 M 启动反转
　　　　　　　　　　　　　　　　　　　　　　　　　　　→ 其辅助动断触头断开 → 对 KM1 联锁
　　　　　　　　　　　　　　　　　　　　　　　　　　　→ 其辅助动合触头闭合进行自锁

注意：正、反转切换时，必须先按下停止按钮，再按下相应的正转启动按钮或反转启动按钮。

（3）停止控制：

按下停止按钮 SB3 ⟶ KM1 或 KM2 线圈失电 ⟶ 其主触头复位，电动机停转。

2. 按钮联锁正反转控制电路

接触器联锁正反转控制电路采用接触器辅助动断触点进行联锁，工作安全可靠；但电动机在进行正、反转换接时，必须先按下停止按钮，才能按下相应的启动按钮。为了操作方便，可以用按钮 SB1、SB2 的辅助动断触点代替接触器 KM1、KM2 的辅助动断触点，形成按钮联锁的正反转控制电路，如图 7-4 所示。

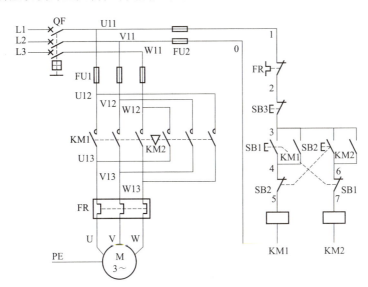

图 7-4 按钮联锁正反转控制电路

工作原理如下：

（1）正转启动控制：

合上电源开关 QF ⟶ 按下正转启动按钮 SB1 ——┐
┌———┘
├⟶ 其动断触头断开 ⟶ KM2 线圈失电 ⟶ M 停止反转或确保 KM2 线圈不能得电（联锁）
└⟶ 其动合触头闭合 ⟶ KM1 线圈得电 ┬⟶ 其主触点闭合 ⟶ M 启动正转
　　　　　　　　　　　　　　　　　　└⟶ 其辅助动合触头闭合进行自锁

（2）反转启动控制：

合上电源开关 QF ⟶ 按下反转启动按钮 SB1 ——┐
┌———┘
├⟶ 其动断触头断开 ⟶ KM1 线圈失电 ⟶ M 停止转动或确保 KM1 线圈不能得电（联锁）
└⟶ 其动合触头闭合 ⟶ KM2 线圈得电 ┬⟶ 其主触点闭合 ⟶ M 启动正转
　　　　　　　　　　　　　　　　　　└⟶ 其辅助动合触头闭合进行自锁

按钮联锁正反转控制电路，按下正转（反转）启动按钮时，先断开反转（正转）电路再启动正转（反转）电路，所以可以对电动机直接进行换向操作。但电路在运行时一旦出现接触器的主触点熔焊，而这种故障又无法在电动机运行时判断出来，此时若再进行直接正反向换接操作，将引起主电路电源短路。

3．双重联锁正反转控制电路

接触器联锁正反转控制线路和按钮联锁的正反转控制线路均存在一定的不足，可以将接触器联锁、按钮联锁结合在一起，构成接触器、按钮双重联锁的正反转控制线路，如图 7-5 所示。

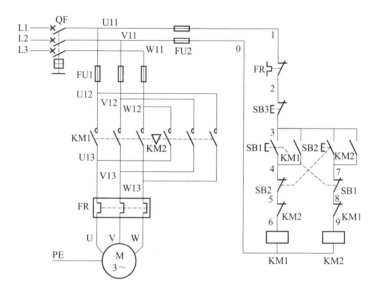

图 7-5　双重联锁正反转控制电路

接触器、按钮双重联锁控制线路采用接触器联锁，保证了两个接触器线圈不能同时通电，使电路的可靠性和安全性增加；采用按钮联锁，可以直接进行正反转操作，因而使用广泛。

四、安排练习

为了更好地完成任务，你需要回答以下问题：

（1）接触器联锁属于_____联锁。

（2）按钮联锁属于_____联锁。

（3）两个接触器联锁，应该将一个接触器的_____触头与另一个接触器的线圈_____联。

（4）使用最广泛的联锁控制电路是_____。

（5）接触器联锁控制电路的优点是_____，缺点是_____。

五、拓展与提高

电气控制电路故障检测方法

在电动机控制电路安装与调试过程中经常会出现故障,需要进行故障检查和故障排除。常用的电气故障检测方法有试验法、逻辑分析法和测量法。如果已经判断出控制电路有故障,则可通过测量法找出故障点。

(1)电压分阶测量法。测量时,像上、下台阶一样依次测量电压,如图 7-6 所示。

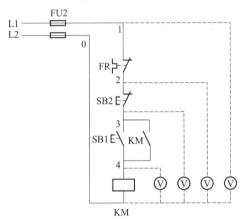

图 7-6　电压分阶测量法

①断开主电路,接通控制电路的电源;
②将万用表的挡位置于交流电压 500 V 挡;
③先测量 0—1 两点之间的电压。若电压为 380 V,则说明控制电路的电源电压正常。然后按下启动按钮 SB1 不放,依次测量 0—2、0—3、0—4 各点之间电压。具体测量结果及故障点判断见表 7-1,表中符号"×"表示不需要测量。

表 7-1　电压分阶测量法查找故障点

故障现象	测量条件	测量结果			确定故障点
		0—2	0—3	0—4	
按下 SB1 时,接触器 KM 不吸合	接通控制电路电源,按下启动按钮 SB1 不放	0	×	×	1—2 号点间 FR 辅助动断触头开路或线路断开
		380 V	0	×	2—3 点间 SB2 辅助动断触点开路或线路断开
		380 V	380 V	0	3—4 点间 SB1 辅助动合触头开路或线路断开
		380 V	380 V	380 V	0—4 点间 KM 线圈开路或线路断开

(2)电阻分阶测量法。断开控制电路电源,按下 SB1 不放,将万用表置于合适倍率的电阻挡(一般选 $R \times 100$ 以上的挡位),然后按图 7-7 所示的方法依次测量 0—4、0—3、0—2、0—1 各点之间的电阻值,并根据测量结果判断故障点。具体测量结果及故障点判

断见表7-2。

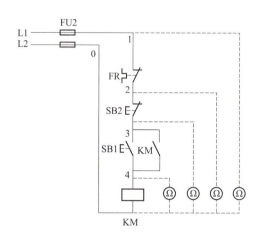

图7-7 电阻分阶测量法

表7-2 电阻分阶测量法查找故障点

故障现象	测量条件	测量点				确定故障点
		0—4	0—3	0—2	0—1	
按下SB1时，接触器KM不吸合	断开控制电路电源，按下SB1不放	∞	×	×	×	0—4点间KM线圈开路或线路断开
		R	∞	×	×	3—4点间SB1辅助动合触头开路或线路断开
		R	R	∞	×	2—3点间SB2辅助动断触点开路或线路断开
		R	R	R	∞	1—2号点间FR辅助动断触头开路或线路断开
注：R为接触器KM线圈的电阻值						

任务三 三相异步电动机行程控制

一、任务描述

利用行程开关发出工作状态改变信号的控制称为按行程原则控制，如在摇臂钻床、万能铣床、镗床、桥式起重机及各种自动或半自动控制机床设备中经常遇到这种控制要求。常用的行程控制有位置控制和自动往返控制电路。

二、任务要点

（1）掌握行程控制及限位保护的原理。

（2）掌握位置控制电路的工作原理。
（3）掌握自动往返控制电路的工作原理。

三、知识链接

1. 位置控制电路

图 7-8 所示为位置控制原理示意图。在行车轨道两头终点处各安装一个行程开关 SQ1 和 SQ2，利用挡铁的碰撞使行程开关的触头动作，从而自动切断电动机正转或反转电路，使行车停止运动。

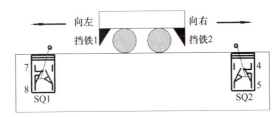

图 7-8　位置控制原理示意图

图 7-9 所示为位置控制电路，电路的工作原理如下：

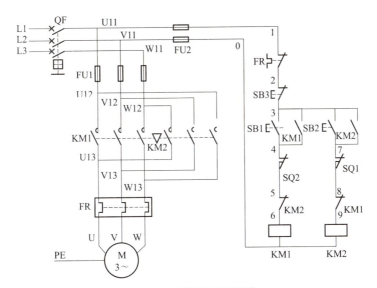

图 7-9　位置控制电路图

（1）行车向右移动控制：

合上电源开关 QF → 按下正转启动按钮 SB1 → KM1 线圈得电 → 其主触点闭合 → 电动机 M 启动正转
　　　　　　　　　　　　　　　　　　　　　　　　　　　　　→ 其辅助动断触头断开 → 对 KM2 联锁
　　　　　　　　　　　　　　　　　　　　　　　　　　　　　→ 其辅助动合触头闭合进行自锁

└→ 拖动行车向右运动 → 撞上行程开关 SQ2 → SQ2 动断触头断开 → KM1 线圈失电 → 电动机停止正转 → 行车停止运动

（2）行车向左移动控制：

合上电源开关 QF → 按下正转启动按钮 SB2 → KM2 线圈得电 → 其主触点闭合 → 电动机 M 启动正转
　　　　　　　　　　　　　　　　　　　　　　　　　　　　　→ 其辅助动断触头断开 → 对 KM1 联锁
　　　　　　　　　　　　　　　　　　　　　　　　　　　　　→ 其辅助动合触头闭合进行自锁

→ 拖动行车向右运动 → 撞上行程开关 SQ1 → SQ1 动断触头断开 → KM2 线圈失电 → 电动机停止反转 → 行车停止运动

（3）行车停止控制：

按下停止按钮 SB3 → KM1 或 KM2 线圈失电 → 电动机停止转动 → 行车停止运动。

2. 自动往返控制电路

利用行程开关控制工作台自动往返运动的原理如图 7-10 所示。位置开关 SQ1、SQ2 用于自动换接电动机正反转控制电路，实现工作台的自动往返行程控制；SQ3、SQ4 被用来作终端保护，以防止 SQ1、SQ2 失灵时工作台越过限定位置而造成事故。

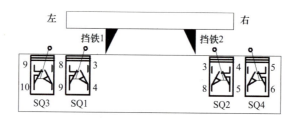

图 7-10　利用行程开关控制工作台自动往返运动的原理

图 7-11 所示为自动往返控制电路。

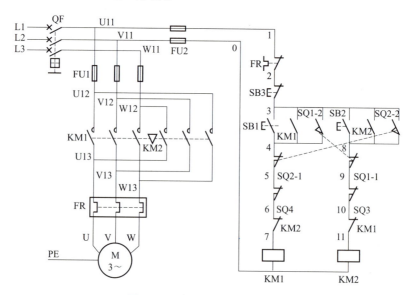

图 7-11　自动往返控制电路图

电路的工作原理如下：

（1）启动控制：

合上电源开关 QF→按下正转启动按钮 SB1→KM1 线圈得电→其主触点闭合→电动机 M 启动正转
　　　　　　　　　　　　　　　　　　　　　　　→其辅助动断触头断开→对 KM2 联锁
　　　　　　　　　　　　　　　　　　　　　　　→其辅助动合触头闭合进行自锁

→拖动行车向右运动→撞上行程开关 SQ2→SQ2 动断触头断开→KM1 线圈失电
　　　　　　　　　　　　　　　　　　→SQ2 动断触头闭合→KM2 线圈得电

→电动机停止正转→工作台停止向右运动
→电动机启动反转→拖动工作台向左运动→撞上行程开关 SQ1……

以后重复上述过程。

（2）停止控制：

无论工作台向右运动还是向左运动，只要按下停止按钮 SB3→KM1 或 KM2 线圈失电→电动机停止转动→行车停止运动。

（3）限位保护：

当工作台移动到右限位时，若 SQ2 失灵→挡铁 2 碰撞 SQ2 时 SQ2 的触点不动作→工作台继续向右移动→当挡铁 2 碰撞 SQ4 时→SQ4 的动断触点断开→KM1 线圈失电→KM1 电动机停止正转。

工作台停止右移。

同理可分析当 SQ1 失灵时 SQ3 限位保护的工作原理，分析过程略。

四、安排练习

为了更好地完成任务，你需要回答以下问题：

（1）位置控制是利用＿＿＿＿＿＿发出状态改变信号。

（2）限位保护应该利用行程开关的＿＿＿＿＿＿触点。

（3）图 7-11 中的 SQ1 的作用是＿＿＿＿＿＿和＿＿＿＿＿＿，分别用＿＿＿＿＿＿触点和＿＿＿＿＿＿触点。

（4）图 7-11 中的 SQ3 的作用是＿＿＿＿＿＿＿＿＿＿＿＿＿＿＿＿＿＿。

（5）KM2 和 KM1 的辅助动断触头的作用是＿＿＿＿＿＿＿＿＿＿＿＿＿＿＿＿＿＿。

五、拓展与提高

板前明线布线工艺要求

（1）布线通道应尽量少，同路并行导线按主、控电路分类集中，单层密排，紧贴安装面板布线。

（2）同一平面的导线应高低一致或前后一致，导线间不得交叉。导线非交叉不可时，应在导线从接线端子（或接线柱）引出时就水平架空跨越，但必须做到走线合理。

（3）布线应做到横平竖直、分布均匀，变换走向时应垂直。

（4）同一电气元件、同一回路的不同接点的导线间距离应保持一致。

（5）布线时不得损伤线芯和绝缘。

（6）在导线两端剥去绝缘层后再套上标有与原理图或接线图编号相一致的编码套管（线号管）。注意线端剥皮的长短要适当，并且保证不伤线芯；线号要用不易褪色的墨水（可用环乙酮与龙胆紫调和），用印刷体工整地书写，防止检查电路时误读；同一接线端子内压接两根导线时，可以只套一只线号管。

（7）所有从一个端子到另一接线端子的导线必须连续，中间不允许有接头。

（8）导线与接线端子连接时，应该做直压线的必须用直压法，该做圈压线的必须围圈压线；压线必需可靠，不松动，既不因压线过长而压到绝缘皮上，又不能裸露导体过多，并要避免反圈压线。

（9）一个电气元件接线端子上连接的导线数量不得多于两根，要避免"一点压三线"；同一接线端子内压接两根截面不同的导线时，应将截面大的放在下层，将截面小的放在上层。

（10）控制板外电器（如按钮、行程开关）与控制板内元器件的连接导线，必须经过接线端子排压线，并加以编号，且每节接线端子板上一般只允许连接一根导线。

（11）按钮连线必须用软导线。

（12）电动机及按钮的金属外壳必须可靠接地。

任务四　三相异步电动机顺序启动控制

一、任务描述

在装有多台电动机的生产机械上，各电动机所起的作用不同，有时需按一定的顺序启动或停止，才能保证操作过程的合理和工作的安全可靠。要求几台电动机的启动或停止必须按一定的先后顺序来完成的控制方式，称为电动机的顺序控制。

二、任务要点

（1）掌握手动控制电路的工作原理。

（2）掌握时间继电器控制电路的工作原理，掌握时间继电器的使用。

三、知识链接

1. 按钮手动控制顺序启动

为两台电动机的顺序启动控制电路，第二台电动机的启动通过按钮手动控制，如图 7-12 所示。

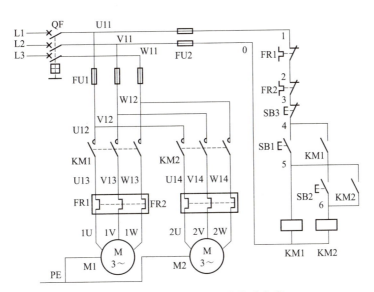

图 7-12　按钮手动控制顺序启动电路

电路的工作原理如下：

（1）启动控制：

合上电源开关 QF → 按下启动按钮 SB1 → KM1 线圈得电 → 其主触点闭合 → M1 启动
　　　　　　　　　　　　　　　　　　　　　　　　　　→ 其辅助动合触头闭合进行自锁

→ 再按下启动按钮 SB2 → KM2 线圈得电 → M2 启动

在没有启动 M1 的情况下按下 M2 的启动按钮，KM2 线圈不能得电，M2 不能启动。

（2）停止控制：

按下停止按钮 SB3 → KM1 和 KM2 线圈失电 → M1 和 M2 停止。

FR1 与 FR2 的辅助动断触点串联在控制电路中，只要有一台电动机出现过载故障，两台电动机都会停止运行。

2. 时间继电器自动控制

两台电动机顺序启动控制电路，第二台电动机的启动通过时间继电器自动控制，如图 7-13 所示。

项目七　电气控制电路

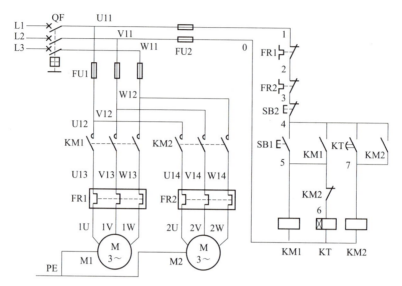

图 7-13　时间继电器自动控制电路

电路的工作原理如下：

（1）启动控制：

合上电源开关 QF → 按下启动按钮 SB1 → KM1 线圈得电 ┬→ 其主触点闭合 → M1 启动
　　　　　　　　　　　　　　　　　　　　　　　　　├→ 其辅助动合触头闭合自锁
　　　　　　　　　　　　　　　　　　　　　　　　　└→ KT 线圈得电 → 开始延时

→ 延时时间到，KT 延时动合触头闭合 → KM2 线圈得电 ┬→ 其主触头闭合 → M2 启动
　　　　　　　　　　　　　　　　　　　　　　　　├→ 其辅助动合触头闭合自锁
　　　　　　　　　　　　　　　　　　　　　　　　└→ 其辅助动断触头断开 → KT 线圈失电

在没有启动 M1 的情况下无法启动 M2。

（2）停止控制：

按下停止按钮 SB2 → KM1 和 KM2 线圈失电 → M1 和 M2 停止。

四、安排练习

为了更好地完成任务，你需要回答以下问题：

（1）顺序控制是指_____的控制。

（2）要求 KM1 先得电，KM1 得电后 KM2 才允许得电，可以将 KM1 的_____触点与 KM2 的线圈并联。

（3）图 7-13 中的时间继电器是_____延时继电器。

（4）图 7-13 中的 KM2 辅助动断触点的作用是_____。

（5）图 7-13 中两台电动机是_____停止。

五、拓展与提高

主电路实现顺序控制

多台电动机的顺序控制可以通过主电路实现，也可以通过控制电路实现。图 7-14 所示的电路中，电动机 M2 是通过插接器插接在接触器 KM 主触头的下面，因此，只有 KM 主触头闭合，电动机 M1 启动运转后，电动机 M2 才可能接通电源运转。

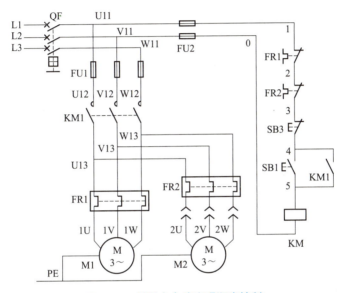

图 7-14　利用主电路实现顺序控制

任务五　三相异步电动机多地控制

一、任务描述

在生产中，通常需要能在两地或多地控制同一台电动机的启动或停止，这种控制方式称为电动机的多地控制。

二、任务要点

（1）掌握多地控制启动按钮和停止按钮的连接方式。
（2）会分析多地控制的工作原理。

三、知识链接

图 7-15 所示为两地控制的接触器自锁控制电路。图 7-15 中 SB11、SB12 为安装在甲地的启动按钮和停止按钮，SB21、SB22 为安装在乙地的启动按钮和停止按钮。在多地控制电路中，只有将多个启动按钮并联在一起，将多个停止按钮串接在一起，才能实现在多个地方控制同一台电动机的启动和停止，达到操作方便的目的。

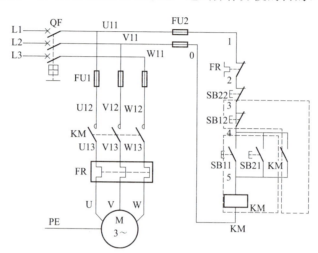

图 7-15　两地控制的接触器自锁控制电路

电路的工作原理如下：

（1）启动控制：

合上电源开关 QF → 按下启动按钮 SB11 或 SB21 → KM 线圈得电 → M 启动。

（2）停止控制：

按下停止按钮 SB22 或 SB12 → KM 线圈得电失电 → M 停止。

四、安排练习

为了更好地完成任务，你需要回答以下问题：

（1）多地控制是指_____的控制。

（2）多个启动按钮应_____联。

（3）多个停止按钮应_____联。

（4）图 7-15 中的 KM 的辅助动合触头的作用是_____。

（5）图 7-15 中 FR 的作用是_____。

五、拓展与提高

板前线槽布线工艺要求

（1）布线时，严禁损伤线芯和导线绝缘。

（2）各电气元件接线端子引出导线的走向，以元件的水平中心线为界线，在水平中心线以上接线端子引出的导线，必须进入元件上面的走线槽；在水平中心线以下接线端子引出的导线，必须进入元件下面的走线槽。任何导线都不允许从水平方向进入走线槽内。

（3）从各电气元件接线端子上引出或引入的导线，除间距很小或元件机械强度很差允许直接架空敷设外，其他导线必须经过走线槽进行连接。

（4）进入走线槽内的导线要完全置于走线槽内，并应尽可能避免交叉，装线不要超过其容量的70%，以便于盖上行线槽盖和以后的装配及检修。

（5）各电气元件与走线槽之间的外露导线，应走线合理并应尽可能做到横平竖直，变换走向要垂直。同一电气元件上位置一致的端子和同型号电气元件中位置一致的端子上引出或引入的导线，要敷设在同一平面上，并应做到高低一致或前后一致，不得交叉。

（6）所有接线端子、导线线头上都应套有与电路图上相应接点线号一致的编码套管，并按线号进行连接，连接必须牢靠，不得松动。

（7）在任何情况下，接线端子必须与导线截面积和材料性质相适应。当接线端子不适合连接软线或截面积较小的软线时，可以在导线端头穿上针形或叉形扎头，并压紧。

（8）一般一个接线端子只能连接一根导线，如果采用专门设计的端子，可以连接两根或多根导线，导线的连接方式必须是公认的、在工艺上成熟的各种方式，如夹紧、压接、焊接、绕接等，并应严格按照连接工艺的工序要求进行。

任务六　三相异步电动机降压启动

一、任务描述

三相笼型异步电动机的启动方式有两类：直接启动（全压启动）和降压启动。直接启动是指在电动机启动时将电动机的额定电压直接加在电动机定子绕组上使电动机启动。降压启动是将电压适当降低后加到电动机定子绕组上进行启动，待电动机转速达到一定值时，再使电动机上的电压恢复到额定值正常运转。

电动机直接启动时，启动电流一般为额定电流的4～7倍，这样就会使得供电电源的输出电压产生大的变化，同时影响电路中其他电器的正常工作。在工业应用中，一般规定：电源容量在180 kV·A以上，电动机容量在7 kW以下的三相异步电动机可采用直接启动，否则均需要采用降压启动。

二、任务要点

（1）掌握定子绕组串电阻降压启动的原理及控制电路的工作原理。

（2）掌握星三角降压启动的原理及控制电路的工作原理。

（3）掌握自耦变压器降压启动的原理及控制电路的工作原理。

（4）掌握延边三角形降压启动的原理及控制电路的工作原理。

三、知识链接

1. 定子串电阻降压启动控制电路

定子串电阻降压启动的原理：电动机启动时，在定子绕组与电源之间串入适当的电阻，利用电阻的分压作用来降低定子绕组上的启动电压，使电动机降压启动；电动机启动结束后，切除定子绕组中串接的电阻，使电动机在额定电压下正常运行。

图 7-16 所示为定子串电阻降压启动控制电路。接触器 KM1 控制电动机降压启动、KM2 控制电动机全压运行；电阻 R 起分压作用。

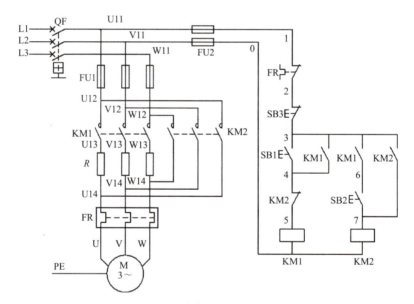

图 7-16 定子串电阻降压启动控制电路

电路的工作原理如下：

（1）启动控制：

合上电源开关 QF → 按下启动按钮 SB1 → KM1 线圈得电 → 其主触点闭合 → M 串电阻降压启动
　　　　　　　　　　　　　　　　　　　　　　　　　→ 其辅助动合触头闭合进行自锁

→ 启动结束后，再按下 SB2 → KM2 线圈得电 → 其主触头闭合 → 短接 R → M 全压运行
　　　　　　　　　　　　　　　　　　　　　　→ 其辅助动断触头断开 → KM1 线圈失电
　　　　　　　　　　　　　　　　　　　　　　→ 其辅助动合触头闭合进行自锁

（2）停止控制：

按下停止按钮 SB3 → KM2 线圈失电 → M 停止运行。

串电阻降压启动不受电动机定子绕组接法的限制，具有启动平稳、工作可靠、启动时功率因数高等优点，另外，通过改变所串入的电阻值就可改变启动时加在电动机上的电压，从而调整电动机的启动转矩。但由于其所需设备多，投资相应较大，同时电阻上有功率损耗，故不宜频繁启动。

2. Y－△降压启动控制电路

电动机定子绕组做星形连接和三角形连接电路如图 7-17 所示。

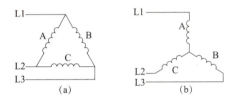

图 7-17　定子绕组△接法和 Y 接法
（a）△接法；（b）Y接法

电动机定子绕组做Y接法时的线电流是三角形接法时线电流的1/3，利用这一特点，启动时可将定子绕组接成星形，以降低启动电压，限制启动电流，待电动机启动结束后，再将定子绕组接成三角形，使电动机在额定电压下正常运行。

图 7-18 所示为利用手动Y－△启动器手动控制电路。

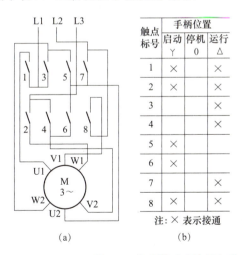

图 7-18　利用手动 Y-△启动器手动控制电路
（a）电路图；（b）触点动作情况

工作原理如下：

启动时：

将手柄位置扳到Y启动处 → 触头5、6闭合，将W2与V2接在一起
　　　　　　　　　　→ 触头5闭合，将U2与W2接在一起
　　　　　　　　　　→ 触头1闭合，将L1与U1接在一起
　　　　　　　　　　→ 触头2闭合，将L3与W1接在一起
　　　　　　　　　　→ 触头8闭合，将L2与V1接在一起

运行时：
将手柄位置扳到△运行处 → 触头7、8闭合，将U2与V1接在一起，将L2与V1接在一起
　　　　　　　　　　　→ 触头2、4闭合，将V2与W1接在一起，将L3与W1接在一起
　　　　　　　　　　　→ 触头1、3闭合，将W2与U1接在一起，将L1与U1相连

图7-19所示为利用时间继电器自动控制Y-△降压启动控制电路。

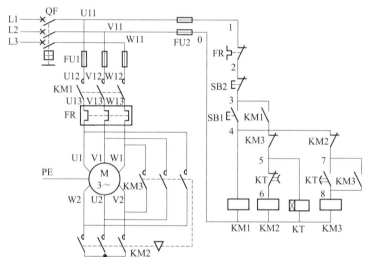

图7-19　利用时间继电器自动控制Y-△降压启动控制电路

电路工作原理如下：
（1）启动控制：

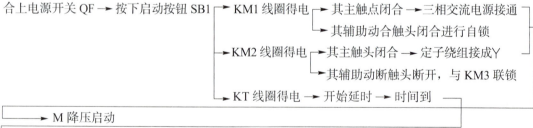

（2）停止控制：

按下停止按钮 SB2 → KM3 线圈失电 → M 停止运行。

与串电阻降压启动相比，Y-△降压启动所需设备较少，价格低，因此在这两种降压启动方法中，应优先选用Y-△降压启动。由于此法只能用于正常运行时为三角形连接的电动机，因此我国生产的 JO2 系列、Y 系列、Y2 系列三相笼型异步电动机，凡功率在 4 kW 及以上者，正常运行时都采用三角形连接。

3. 自耦变压器降压启动电路

自耦变压器降压启动的原理：启动时，将电动机定子绕组接在自耦变压器的二次绕组上，利用变压器的变压作用来降低定子绕组上的电压；启动结束后，将变压器切除，将定子绕组直接接在三相交流电源上，全压运行。

图 7-20 所示为三相自耦变压器Y连接方式。

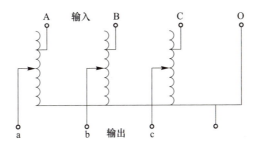

图 7-20　三相自耦变压器 Y 连接方式

图 7-21 所示为自耦降压启动控制电路。交流接触器 KM1 和 KM2 用于控制电动机降压启动，KM3 用于控制电动机全压运行。

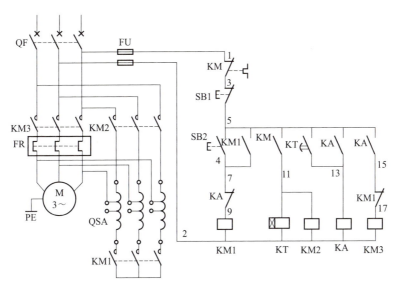

图 7-21　自耦降压启动控制电路

电路工作原理如下：

（1）启动控制：

合上电源开关 QF → 按下启动按钮 SB2 → KM1 线圈得电 → 其主触点闭合 → 三相自耦变压器定子绕组接成Y

→ 其辅助动合触头闭合自锁，同时令

→ 其辅助动断触头断开 → 与 KM3 联锁

→ KM2 线圈得电 → M 定子绕组接在变压器二次侧降压启动

→ KT 线圈得电 → 开始延时 → 时间到 → 其延时动合触头闭合 → KA 线圈得电

→ KA 动断触头断开 → 与 KM1 联锁令 KM1 失电 → KM2 线圈失电 → 自耦变压器Y接法解除

→ KA 动合触头闭合自锁，同时令 → KM3 线圈得电 → 其主触头闭合 → M 全压运行

（2）停止控制：

按下停止按钮 SB1 → KM3 线圈失电 → M 停止运行。

自耦变压器降压启动适用于额定电压为 220/380 V、接法为△-Y、容量较大的三相异步电动机的降压启动。

4. 延边三角形降压启动

延边三角形降压启动的原理：在每相定子绕组中引出一个抽头，启动时，将一部分定子绕组接成三角形，另一部分接成星形，即整个绕组接成延边三角形，如图 7-22（a）所示，启动结束后，再将定子绕组接成三角形全压运行，如图 7-22（b）所示。

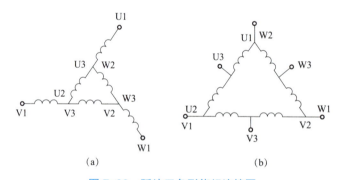

图 7-22　延边三角形绕组连接图
（a）延边三角形连接；（b）三角形连接

延边三角形降压启动控制电路如图 7-23 所示。电路中 KM 用于控制主电路的通断，KM 用于控制电动机定子绕组做三角形连接，KM1 用于控制定子绕组做延边三角形连接。

任务六 三相异步电动机降压启动

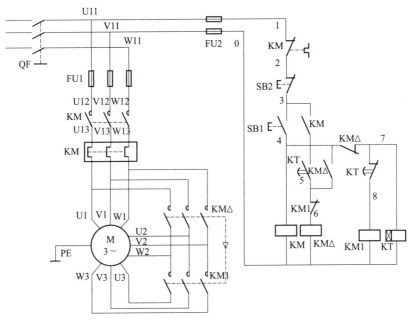

图 7-23 延边三角形降压启动控制电路

（1）启动控制：

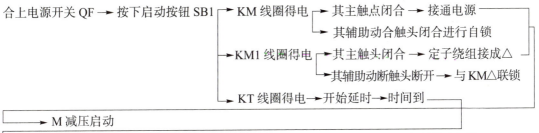

（2）停止控制：

按下 SB2 → KM△线圈失电 → M 停止运行。

定子绕组做延边三角形连接时，每相定子绕组承受的电压介于星形连接和三角形连接之间，但启动转矩大于星形接法时的转矩。延边三角形降压启动只适用于定子绕组有抽头的特殊三相交流异步电动机。

四、安排练习

为了更好地完成任务，你需要回答以下问题：

（1）定子绕组接成Y时绕组中的电流是接成三角形时的_____倍。

（2）定子绕组接成延边三角形的时候，定子的电压介于_____接法和_____接法之间。

（3）KA 是_____继电器，其工作原理与接触器_____同。

（4）定子串电阻降压启动是利用_____联电阻的_____作用。

（5）自耦变压器降压启动是利用变压器的_____作用。

五、拓展与提高

绕线转子异步电动机启动控制

绕线转子异步电动机常采用转子串电阻及转子串频敏变阻器两种方法启动，以达到减小启动电流、增大启动转矩以及平滑调速的目的。启动时在转子电路中串入做星形连接的三相启动电阻，将启动电阻调到最大位置，以减小启动电流，并获得较大的启动转矩；随着电动机转速的升高，逐渐减小启动电阻；启动结束后将启动电阻全部切除，电动机在额定状态下运行。

图 7-24 所示为转子回路接线图。启动时在转子电路中串入做星形连接的三相启动电阻，将启动电阻调到最大位置以减小启动电流，并获得较大的启动转矩；随着电动机转速的升高，逐渐减小启动电阻；启动结束后将启动电阻全部切除，电动机在额定状态下运行。

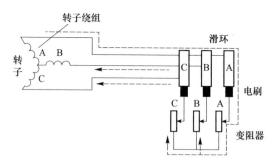

图 7-24　转子回路接线图

图 7-25 所示为利用电流继电器控制的绕线转子异步电动机控制电路。KA1、KA2 和 KA3 为过电流继电器，它们的吸合电流是一样的，但释放电流不一样。其中，KA1 的释放电流最大，KA2 次之，KA3 最小。

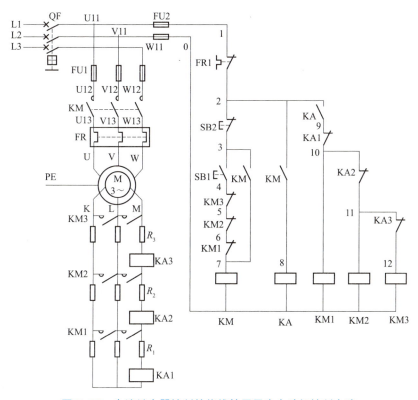

图 7-25 电流继电器控制的绕线转子异步电动机控制电路

电路的工作原理如下：

（1）启动控制：

合上电源开关 QF → 按下 SB1 → KM 线圈得电 → 其主触头闭合 → M 转子串 R_1、R_2、R_3 降压启动
　　　　　　　　　　　　　　　　　→ 其辅助动合触头闭合自锁
　　　　　　　　　　　　　　　　　→ 其辅助动合触头闭合 → KA 线圈得电

→ KA1、KA2、KA3 线圈得电 → 其辅助动断触头为断开状态 → KM1、KM2 和 KM3 为失电状态

→ KA 辅助动合触头闭合 → 随着电动机转速增加，电流逐渐减小 → 当小于 KA1 吸合电流时 → KA1 释放，KA1 辅助动断触头复位 → KM1 线圈得电，其主触头闭合，将 R_1 短接 → 当小于 KA2 吸合电流时 → KA2 释放，KA2 辅助动断触头复位 → KM2 线圈得电，其主触头闭合，将 R_2 短接 → 当小于 KA3 吸合电流时 → KA3 释放，KA3 辅助动断触头复位 → KM3 线圈得电，其主触头闭合，将 R_3 短接 → M 全压运行

项目七 电气控制电路

任务七 三相异步电动机制动控制

一、任务描述

在生产实践中，经常要求机械设备迅速停止运动或能够准确定位，这就需要对电动机进行制动控制。

电动机的制动方法有机械制动和电气制动两种。机械制动是利用机械装置，使电动机在切断电源后快速停转的方法。常用的机械制动设备是电磁制动器。电气制动是在电动机断电后，让电动机产生一个与原来旋转方向相反的电磁转矩，迫使电动机立即停止。电气制动的常用方法有反接制动、能耗制动和再生发电制动。

二、任务要点

（1）掌握反接制动、能耗制动和再生发电制动的原理。
（2）会分析反接制动控制电路的工作原理及特点。
（3）会分析能耗制动控制电路的工作原理及特点。

三、知识链接

1. 反接制动控制电路

所谓反接制动，就是在电动机需要停车时，将三相交流电源改变相序，让定子绕组产生相反方向的旋转磁场，从而产生制动转矩使电动机立即停车。

反接制动的原理如图 7-26 所示。

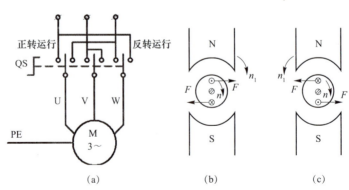

图 7-26 反接制动的原理
(a) 反接制动接线原理；(b) 正常运行，转子转向与旋转磁场方向相同；
(c) 反接制动，转子转向与旋转磁场方向相反当电动机正常运行时，定子绕组三相电源的相序为 L1—L2—L3，转子与旋转磁场的方向相同，如图 7-26（b）所示。当电动机需要停转时，先断开正常运行的电源，转子由于惯性仍按顺时针旋转。随后改变三相电源相序，旋转磁场 n_1 反转，如图 7-26（c）所示，此时，转子以（n_1+n）的相对转速沿原转动方向继续切割磁场。转子绕组中的感应电流及电磁转矩的方向如图 7-26（c）所示，可见，此转矩方向与电动机的旋转方向相反，从而使电动机受制动迅速停转。

注意：当电动机转速接近零时，应立即切断电源，否则电动机将反转。

单向启动反接制动控制电路如图 7-27 所示。接触器 KM1 控制电动机的正转启动运行，KM2 控制电动机反接制动；R 为电阻器，用于限制反接制动时定子绕组上的电流；KS 为速度继电器，用于检测电动机的速度变化。

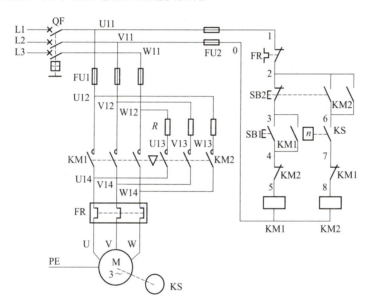

图 7-27　单向启动反接制动控制电路

电路的工作原理如下：

（1）运行控制：

合上电源开关 QF → 按下启动按钮 SB1 → KM1 线圈得电 → 其主触头闭合 → M 启动
　　　　　　　　　　　　　　　　　　　　　　　　　→ 其辅助动合触头闭合自锁
　　　　　　　　　　　　　　　　　　　　　　　　　→ 其辅助动断触头断开，与 KM2 联锁
→ 当电动机转速上升到一定值（120 r/min）时，速度继电器 KS 的辅助动合触头闭合

（2）制动控制：

按下停止按钮 SB2 ─┬─ 其动断触头断开 → KM1 线圈失电 ─┬─ 其主触头断开 → M 三相电源断开
　　　　　　　　　　│　　　　　　　　　　　　　　　　　　└─ 其辅助触头复位，为制动做准备
　　　　　　　　　　└─ 其动合触头闭合 → KM2 线圈得电 ─┬─ 其主触头闭合 → 改变电源相序进行制动
　　　　　　　　　　　　　　　　　　　　　　　　　　　　├─ 其辅助动合触头闭合自锁
　　　　　　　　　　　　　　　　　　　　　　　　　　　　└─ 其辅助动断触头断开，与 KM1 联锁

└─ 电动机转速接近零（低于 100 r/min）时 → 速度继电器 KS 的辅助动合触头断开 → KM2 线圈断电 → KM2 主触头断开 → 电动机停止

反接制动的优点是制动力强，制动迅速；其缺点是制动准确性差，制动过程中冲击强烈，易损坏传动零件，制动能量损耗大，不宜经常制动。因此，反接制动一般适用于制动要求迅速、系统惯性较大、不经常启动与制动的场合，如铣床、镗床、中型车床等主轴的制动控制。另外，因为反接制动时电流很大，所以其适用于容量在 10 kW 以下的小容量电动机的制动，并且对容量在 4.5 kW 以上的电动机采用反接制动时，应在定子回路中串接一定的电阻器，以限制反接制动电流。

2. 能耗制动控制电路

在电动机切断交流电源后，立即在定子绕组的任意两相中通入直流电，使定子中产生一个恒定的静止磁场，以消耗转子惯性运转的动能来进行制动，这种制动方式称为能耗制动，又称动能制动。此时，转子旋转方向、产生的感应电流及电磁转矩的方向如图 7-28 所示。可见，此电磁转矩的方向与电动机的转向相反，从而使电动机受制动迅速停转。

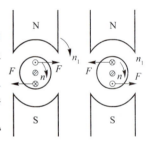

图 7-28　能耗制动原理图

能耗制动的控制电路如图 7-29 所示。

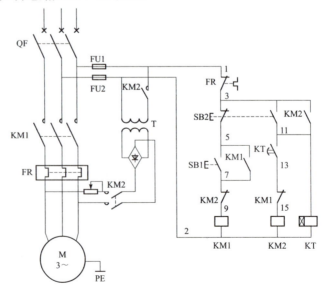

图 7-29　能耗制动的控制电路

任务七　三相异步电动机制动控制

（1）运行控制：

合上电源开关 QF → 按下启动按钮 SB1 → KM1 线圈得电 → 其主触头闭合 → M 启动
　　　　　　　　　　　　　　　　　　　　　　　　　→ 其辅助动合触头闭合自锁
　　　　　　　　　　　　　　　　　　　　　　　　　→ 其辅助动断触头断开，与 KM2 联锁

（2）制动控制：

按停止按钮 SB2 → 其动断触头断开 → KM1 线圈失电 → 其主触头断开 → M 三相电源断开
　　　　　　　　　　　　　　　　　　　　　　　　→ 其辅助动断触头复位，为制动做准备
　　　　　→ 其动合触头闭合 → KM2 线圈得电 → 其主触头闭合 → 接通直流电进行制动
　　　　　　　　　　　　　　　　　　　　　　→ 其辅助动断触头断开，与 KM1 联锁
　　　　　　　　　　　　　　　→ KT 线圈得电，开始延时 → 时间到，其延时触头断开 →
KM2 线圈失电 → KM2 主触头断开 → M 停止

能耗制动的优点是制动准确、平稳，且能量消耗较小；其缺点是需要附加直流电源装置，设备费用较高，制动力较弱，在低速时制动力矩小。因此，能耗制动一般用于要求制动准确、平稳的场合，如磨床、立式铣床等的控制电路中。

四、安排练习

为了更好地完成任务，你需要回答以下问题：

（1）能耗制动是在电动机正常工作电源断开后，_____。
（2）电动机定子绕组中通入两相直流电时产生的是_____磁场。
（3）能耗制动的优点是_____。
（4）能耗制动一般用于_____。
（5）能耗制动控制电路中把交流电变成直流电的装置是_____。

五、拓展与提高

再生制动（发电机制动）

三相异步电动机在正常工作时，旋转磁场的转速大于转子的转速，电磁转矩的方向与转子的运动方向相同，当由于某种原因使得转子的转速大于旋转磁场的转速时，电磁转矩的方向与转子运动方向相反，从而限制转子的转速，起到了制动作用。因为当转子转速大于旋转磁场转速时，有电能从电动机的定子返回给电源，实际电动机已经进入发电机运行，所以称这种制动为发电回馈制动，又称再生制动。再生制动原理如图 7-30 所示。

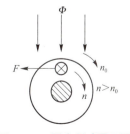

图 7-30　再生制动原理图

矿井提升机下放重物时，若按重物下放方向接通电动机的电源，电动机的电磁转矩与负载转矩方向一致，电动

项目七　电气控制电路

机会不断地加速，直至达到同步转速，电磁转矩为零。但是负载转矩继续拖动提升机加速，使电动机转速超过同步转速，这时电磁转矩反向为制动转矩，电动机向电源回馈电能，当电动机加速至电磁转矩与负载转矩相等时，提升机就匀速下放重物，电动机处于回馈制动运行状态，将重物下放释放出来的位能转换为电能回馈电源。

异步电动机改变磁极对数降速过程中也会出现回馈制动，当电动机磁极对数突然成倍增加时，同步转速成倍下降，电动机转速超过下降了的同步转速，电动机向电源回馈电能进行回馈制动。

任务八　电动机调速

一、任务描述

在实际生产中，常采用对电动机进行调速的方法来满足机械设备的调速要求。根据三相异步电动机的转速公式 $n=(1-s)60f/p$ 可知，可以通过改变磁极对数 p、改变电源频率 f、改变转差率 s 等方法来改变电动机的转速。

通过改变电动机的磁极对数来调节电动机转速的方法称为变极调速。一般工业应用中通常采用改变定子绕组的接法来改变磁极对数。绕组改变一次磁极对数，可获得两个不同转速，称为双速电动机。改变两次磁极对数，可获得三个转速，称为三速电动机。

二、任务要点

（1）掌握电动机调速的三种方法。
（2）掌握双速电动机调速的原理及控制电路的工作原理。
（3）掌握三速电动机调速的原理及控制电路的工作原理。

三、知识链接

1. 双速电动机控制电路

双速电动机在制造时把每相绕组分成两个相同的半绕组，使用时通过改变两个半绕组的连接方式（串联或并联）来改变磁极对数，从而达到改变电动机转速的目的。在实际应用中，双速电动机常用的连接方式有△/YY和Y/YY方式。

双速异步电动机三相定子绕组△/YY接线方式如图7-31所示。

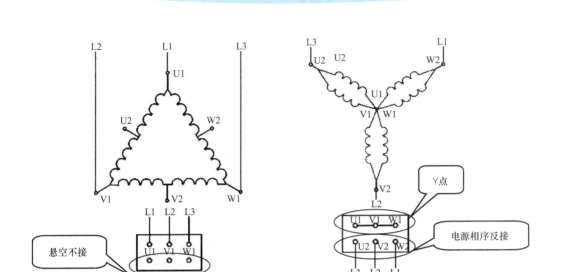

图7-31 双速异步电动机三相定子绕组△/YY接线方式
（a）低速-△接法（4极）；（b）高速-YY接法（2极）

工作原理如下：

将三相定子绕组接成△接法，由三个连接点引出三个出线端 U1、V1、W1，从每相绕组的中点各引出一个出线端 U2、V2、W2，这样定子绕组共有 6 个出线端。通过改变这 6 个出线端子与电源的连接方式，可以得到两种不同的转速。

要使电动机低速运行，将三相电源接到三个出线端 U1、V1、W1 上，其他三个出线端 U2、V2、W2 悬空，如图 7-31（a）所示。此时电动机磁极数为 4 极，同步转速为 1 500 r/min。

要使电动机高速运行，将电动机定子绕组三个出线端 U1、V1、W1 并接在一起，将三相电源接到另外三个出线端 U2、V2、W2 上，如图 7-31（b）所示。此时电动机定子绕组成为YY连接，磁极数为 2 极，同步转速为 3 000 r/min。所以，双速异步电动机高转速是低转速的 2 倍。

注意：当双速电动机的定子绕组由一种接法换成另一种接法时，必须把电源的相序反接才能保证电动机的旋转方向不变。

双速电动机自动加速控制电路如图 7-32 所示。SB1 为复合按钮，其辅助动合触头控制电动机低速启动；SB2 为高速运行的启动按钮（或低速与高速的手动转换按钮）；FR1 和 FR2 分别为电动机低速运行和高速运行的过载保护元件。

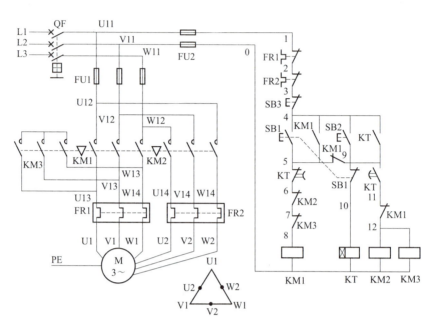

图 7-32 双速电动机自动加速控制电路

电路的工作原理如下:
(1) 低速启动控制:

按下启动按钮 SB1 ┬→ 其动断触头断开 → 与 KT 联锁
                  └→ 其动合触头闭合 → KM1 线圈得电 ┬→ 其主触头闭合 → M 低速启动运转
                                                    ├→ 其辅助动合触头闭合自锁
                                                    └→ 其辅助动断触头断开 → 与 KM2、
                                                                              KM3 联锁

(2) 低速运行与高速运行的手动转换控制:

在低速运行的情况下,按下高速启动按钮 SB2 → KT 线圈得电 ┬→ 开时延时 → 延时时间到 ┐
                                                        └→ 其辅助动合触头闭合自锁   │
  ┌───┘
  ├→ KT 延时动断触头断开 → KM1 线圈断电 → M 低速运行停止
  └→ KT 延时动合触头闭合 → KM2 和 KM3 线圈得电 ┬→ 其主触头闭合 → M 进入高速运行
                                                └→ KM2 辅助动断触头断开 → 与 KM1 联锁

(3) 低速运行与高速运行的自动转换控制:

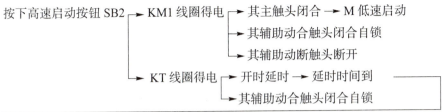

（4）停止控制：

按下停止按钮 SB3 → 所有线圈断电 → M 停止运行。

2. 三速电动机控制电路

三速电动机定子绕组的连接如图 7-33 所示，它有两套独立的绕组，第一套绕组有 7 个出线端 U1、U2、U3、V1、V2、W1、W2，可接成三角形或 YY 形。第二套绕组有三个出线端 U4、V4、W4，仅做 Y 形连接。当改变两套绕组的连接方式时，电动机可以得到三种不同的转速。

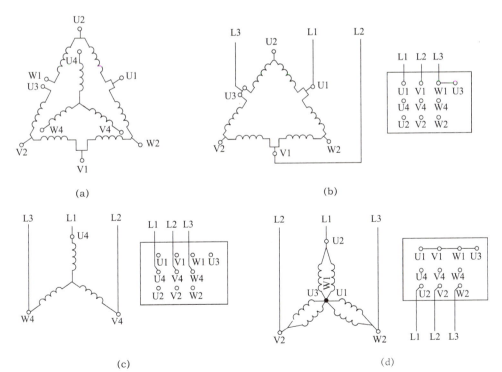

图 7-33 三速电动机定子绕组连接

(a) 三速电动机两套独立的绕组；(b) 单 △ 连接低速运行；(c) 单 Y 连接中速运行；(d) YY 连接高速运行

三速电动机控制电路如图 7-34 所示。

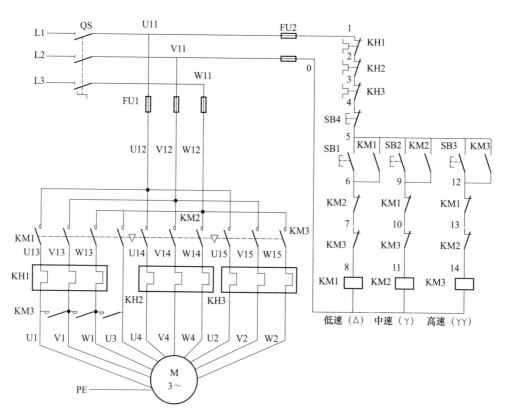

图 7-34　三速电动机控制电路

工作原理如下：

（1）低速启动：

按下低速启动按钮 SB1 → KM1 线圈得电 → 其主触头闭合 → 将 U1、V1、W1 与三相电源接通 → 将 U3 与 W1 接在一起 → 其辅助动合触头闭合自锁 → 其辅助动断触头断开，与 KM2 和 KM3 联锁

→ M 定子绕组接成△，低速运行

（2）中速启动：

按下中速启动按钮 SB2 → KM2 线圈得电 → 其主触头闭合 → 将 U4、V4、W4 与三相电源接通 → 其辅助动合触头闭合自锁 → 其辅助动断触头断开，与 KM1 和 KM3 联锁

→ M 定子绕组接成Y，中速运行

任务八 电动机调速

（3）高速启动：

按下高速启动按钮 SB3 → KM3 线圈得电 → 其主触头闭合 → 将 U2、V2、W2 与三相电源接通
　　　　　　　　　　　　　　　　　　　　　　　　　→ 将 U1、V1、W1、U3 接在一起
　　　　　　　　　　　　　　　　　　→ 其辅助动合触头闭合自锁
　　　　　　　　　　　　　　　　　　→ 其辅助动断触头断开，与 KM1 和 KM2 联锁

→ M 定子绕组接成 YY 形，高速运行

（4）停止控制：

按下停止按钮 SB4 → 所有线圈断电 → M 停止运行。

注意：不同的转速之间进行转换时必须先按下停止按钮 SB4 后，才能再按相应的启动按钮变速。

四、安排练习

为了更好地完成任务，你需要回答以下问题：

（1）变极调速是利用改变＿＿＿＿＿＿进行调速。

（2）双速异步电动机高转速是低转速的＿＿＿＿＿＿倍。

（3）当双速电动机的定子绕组由一种接法换成另一种接法时，必须＿＿＿＿＿＿才能保证电动机的旋转方向不变。

（4）三速电动机低速时定子绕组接法为＿＿＿＿＿＿，中速时定子绕组接法为＿＿＿＿＿＿，高速时定子绕组接法为＿＿＿＿＿＿。

（5）可以通过改变＿＿＿＿＿＿、改变＿＿＿＿＿＿、改变＿＿＿＿＿＿等方法来改变电动机的转速。

五、拓展与提高

变频调速

变频调速是通过改变定子电源的频率来改变同步频率实现电动机调速的，但频率改变的时候磁通也会发生变化，如频率的下降会导致磁通的增加，造成磁路饱和，励磁电流增加，功率因数下降，铁芯和线圈过热，所以，在降频的同时还要降压。此外，在许多场合，为了保持在调速时电动机产生最大转矩不变，也需要维持磁通不变，这就需要由频率和电压协调控制来实现，故称为可变频率可变电压调速（VVVF），简称变频调速。变频调速的优点是具备启动功能；采用电磁设计，减少了定子和转子的阻值；适应不同工况条件下的频繁变速；在一定程度上节能。目前变频调速已经成为主流的调速方案，可广泛应用于各行各业无级变速传动。

实现变频调速的装置称为变频器。变频器主要由整流（交流变直流）滤波、逆变（直流变交流）制动单元、驱动单元、检测单元、微处理单元等组成。变频器主要采用交一直一交方式，首先把工频交流电源通过整流器转换成直流电源，然后再将直流电源

转换成频率、电压均可控制的交流电源以供给电动机,进而达到节能、调速的目的。另外,变频器还有很多的保护功能,如过流、过压、过载保护,等等。变频调速示意图如图 7-35 所示。

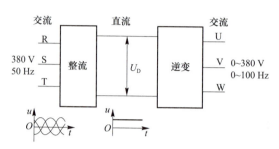

图 7-35　变频调速示意图

变频器控制电动机正反转的电路如图 7-36 所示。

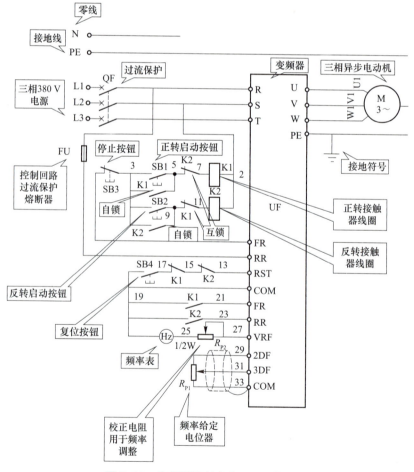

图 7-36　变频器控制电动机正反转电路

电路中，QF 为断路器，UF 为变频调速器，SB1 为正转启动按钮，SB2 为反转启动按钮，SB3 为停止按钮，SB4 为故障复位按钮，K1、K2 为继电器（线圈电压 380 V），R_{P1}、R_{P2} 为调速电位器，M 为三相交流电动机。

电路的工作原理如下：

（1）启动正反转时先旋转 R_{P1}，调速电位器将设定频率调至目标值，再按相应的启动按钮，也可在运行过程中随时调整电位器，改变变频器运行频率（注意不可转得太快）。

（2）正转时，按下按钮 SB1，继电器 K1 得电吸合并自锁，其常开触点闭合，FR-COM 连接，电动机正转运行；停止时，按下按钮 SB3，K1 失电释放，电动机停止。

（3）反转时，按下按钮 SB2，继电器 K2 得电吸合并自锁，其常开触点闭合，RR-COM 连接，电动机反转运行；停止时，按下按钮 SB3，K2 失电释放，电动机停止。

（4）事故停机或正常停机时，复位端子 RST-COM 断开，并发出报警信号。按下复位按钮 SB4，使 RST-COM 连接，报警解除。

（5）控制线路串联于变频器内部热继电常闭辅助触点，提高电路保护性能。

复习思考题

1. 如图 7-2（b）所示电路中，点动控制应按下_____，连续控制应按下_____；点动控制与连续控制的关键是_____。

2. 在电动机正反转控制电路中，如果不加联锁，最可能出现的问题是_____。

3. 如图 7-1 所示电路中，如果按下启动按钮，接触器 KM 不吸合，用万用表分别检测，先测量 0—1 两点之间的电压。若电压为 380 V，则说明_____。如果电源电压正常，按住启动按钮 SB1 不放，依次测量 0—2、0—3、0—4 各点之间电压，结果都正常，说明_____。

4. 如图 7-37 所示，下列控制线路能实现正常启动的是_____。

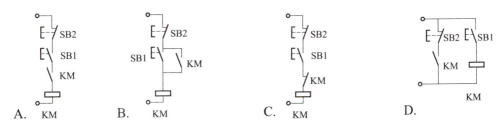

图 7-37　复习思考题 4 题图

5. 如图 7-38 所示，下列控制线路能完成连续和点动控制的线路是_____。

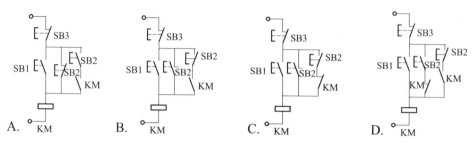

图 7-38　复习思考题 5 题图

6. 触头断开时两端的电阻为_____，触头闭合时两端的电阻为_____。

7. 笼型异步电动机降压启动的目的是_____。

8. 一般 10 kW 以下的电动机采用_____启动，30 kW 以上的电动机采用_____。

9. 如图 7-39 所示，下列控制线路能实现正反转控制的电路为（　　）。

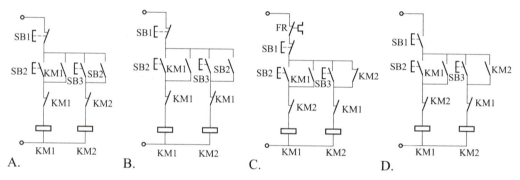

图 7-39　复习思考题 9 题图

10. 笼型异步电动机定子串电阻降压启动是利用_____的作用。

11. 星三角降压启动中，启动时定子绕组中的相电压为正常运行时的_____倍。

12. 延边三角形降压启动，启动时定子绕组的电压介于_____与_____之间。

13. 自耦变压器降压启动，如果启动时使用的是变压器 80% 的抽头，则启动电流为正常运行电流的_____倍。

14. 绕线转子异步电动机转子绕组串电阻调速是属于改变_____调速。

15. 在反接制动控制电路中，当电动机的转速大于_____时，速度继电器的常开触头动作；当电动机的转速小于_____时，速度继电器的常开触头复位。

16. 双速电动机中，电动机定子绕组接成三角形时是_____速运行，接成YY时是_____速运行。

17. 双速电动机，低速运行时旋转磁场的转速为_____，高速运行时旋转磁场的转速为_____。

18. 频敏变阻器的特点是_____。

19. 反接制动的特点是_____。

20. 4.5 kW 以上的电动机采用反接制动时，为了限制反接制动电流应_____。
21. 请分析如图 7-1 所示电路中热继电器过载保护的工作原理。
22. 试分析如图 7-3 所示接触器联锁正反转控制电路的工作原理。
23. 试分析如图 7-11 所示自动往返控制电路的工作原理。
24. 试分析如图 7-19 所示星三角降压启动控制电路的工作原理。
25. 试分析如图 7-25 所示绕线转子异步电动机转子串电阻器启动的工作原理。
26. 试分析如图 7-27 所示反接制动控制电路的工作原理。
27. 试分析如图 7-32 所示双速电动机控制电路的工作原理。
28. 试画出两台电动机顺序启动逆序停止的控制电路。
29. 试画出两地控制正反转控制电路。
30. 试画出电动机接线盒星形和三角形接线。

参考文献

[1] 李立刚. 机电技术应用专业实训指南[M]. 北京：北京理工大学出版社，2013.

[2] 姜玉柱. 电机与电力拖动[M]. 北京：北京理工大学出版社，2009.

[3] 杨林建. 机床电气控制技术[M]. 北京：北京理工大学出版社，2019.

[4] 胡知平. 维修电工[M]. 北京：北京理工大学出版社，2014.

[5] 徐建亮. 机电设备装配安装与维修[M]. 北京：北京理工大学出版社，2019.

[6] 朱永金. 电工技术基础[M]. 北京：北京理工大学出版社，2009.

[7] 荆瑞红. 电气安装规划与实施[M]. 北京：北京理工大学出版社，2018.

[8] 胥进. 机床维修电工[M]. 北京：北京理工大学出版社，2012.

[9] 苟刘敏. 电力拖动控制技术及实训[M]. 北京：北京理工大学出版社，2013.